Étienne Bonnot de Condillac

Traité des systèmes

traité

ISBN : 978-1523727575

10 9 8 7 6 5 4 3 2 1

Étienne Bonnot de Condillac

Traité des systèmes

traité

Table de Matières

CHAPITRE PREMIER.
Qu'on doit distinguer trois sortes de Systèmes.

Un système n'est autre chose que la disposition des différentes parties d'un art ou d'une science dans un ordre où elles se soutiennent toutes mutuellement, et où les dernières s'expliquent par les premières. Celles qui rendent raison des autres, s'appellent *principes* ; et le système est d'autant plus parfait, que les principes sont en plus petit nombre : il est même à souhaiter qu'on les réduise à un seul.

On peut remarquer dans les ouvrages des philosophes trois sortes de principes, d'où se forment trois sortes de systèmes.

Les principes que je mets dans la première classe, comme les plus à la mode, sont des maximes générales ou abstraites. On exige qu'ils soient si évidents, ou si bien démontrés, qu'on ne les puisse révoquer en doute. En effet, s'ils étaient incertains, on ne pourrait être assuré des conséquences qu'on en tirerait.

C'est de ces principes que parle l'auteur de l'art de penser, quand il dit [1] : « Tout le monde demeure d'accord qu'il est important d'avoir dans l'esprit plusieurs axiomes et principes, qui, étant clairs et indubitables, puissent nous servir de fondement pour connaître les choses les plus cachées. Mais ceux que l'on donne ordinairement, sont de si peu d'usage, qu'il est assez inutile de les savoir. Car, ce qu'ils appellent le premier principe de la connaissance, *il est impossible que la même chose soit et ne soit pas*, est très clair et très certain : mais je ne vois point de rencontre où il puisse jamais servir à nous donner aucune connaissance. Je crois donc que ceux-ci pourront être plus utiles ».

Il donne ensuite pour premier principe ; *tout ce qui est renfermé dans l'idée claire et distincte d'une chose, en peut être affirmé avec vérité* : pour second ; *l'existence au moins possible est renfermée dans l'idée de tout ce que nous concevons clairement et distinctement* : pour troisième ; *le néant ne peut être cause d'aucune chose.* Il en a imaginé jusqu'à onze, Mais il est inutile de rapporter les autres ; ceux-là suffiront pour servir d'exemple.

La vertu que les philosophes attribuent à ces sortes de principes, est si grande, qu'il était naturel qu'on travaillât à les multiplier. Les

---

1 Part. 4, chap. 7.

métaphysiciens se sont en cela distingués, Descartes, Malebranche, Leibnitz, etc., chacun à l'envi nous en a prodigué, et nous ne devons plus nous en prendre qu'à nous-mêmes, si nous ne pénétrons pas *les choses les plus cachées.*

Les principes de la seconde espèce sont des suppositions qu'on imagine pour expliquer les choses dont on ne saurait d'ailleurs rendre raison. Si les suppositions ne paraissent pas impossibles, et si elles fournissent quelque explication des phénomènes connus, les philosophes ne doutent pas qu'ils n'aient découvert les vrais ressorts de la nature. Serait-il possible, disent-ils, qu'une supposition qui serait fausse, donnât des dénouements heureux ? De là est venue l'opinion, que l'explication des phénomènes prouve la vérité d'une supposition ; et qu'on ne doit pas tant juger d'un système par ses principes, que par la manière dont il rend raison des choses. On ne doute pas que des suppositions, d'abord arbitraires, ne deviennent incontestables par l'adresse avec laquelle on les a employées.

Les métaphysiciens ont été aussi inventifs dans cette seconde espèce de principes, que dans la première ; et, par leurs soins, la métaphysique n'a plus rien rencontré qui pût être un mystère pour elle. Qui dit métaphysique, dit, dans leur langage, la science des premières vérités, des premiers principes des choses. Mais il faut convenir que cette science ne se trouve pas dans leurs ouvrages.

Les notions abstraites ne sont que des idées formées de ce qu'il y a de commun entre plusieurs idées particulières. Telle est la notion d'animal : elle est l'extrait de ce qui appartient également aux idées de l'homme, du cheval, du singe, etc. Par là une notion abstraite sert en apparence à rendre raison de ce qu'on remarque dans les objets particuliers. Si, par exemple, on demande pourquoi le cheval marche, boit, mange ; on répondra très philosophiquement, en disant que ce n'est que parce qu'il est un animal. Cette réponse, bien analysée, ne veut cependant dire autre chose, sinon que le cheval marche, boit, mange, parce qu'en effet il marche, boit, mange. Mais il est rare que les hommes ne se contentent pas d'une première réponse. On dirait que leur curiosité les porte moins à s'instruire d'une chose, qu'à faire des questions sur plusieurs. L'air assuré d'un philosophe leur en impose. Ils craindraient de paraître trop peu intelligents, s'ils insistaient sur un même point. Il suffit que l'oracle rendu soit formé d'expressions familières, ils auraient honte de ne pas l'entendre ; ou s'ils ne pouvaient s'en cacher l'obscurité, un seul regard de leur maître paraîtrait la dissiper. Peut-on douter, quand celui à qui on donne toute sa confiance, ne doute pas lui-même ? Il n'y a donc pas de quoi s'étonner si les principes abstraits se sont si fort multipliés, et ont de tout temps été regardés comme la source de nos connaissances.

Les notions abstraites sont absolument nécessaires pour mettre de l'ordre dans nos connaissances, parce qu'elles marquent à chaque idée sa classe. Voilà uniquement quel en doit être l'usage. Mais de s'imaginer qu'elles soient faites pour conduire à des connaissances particulières, c'est un aveuglement d'autant plus grand, qu'elles ne se forment elles-mêmes que d'après ces connaissances. Quand je blâmerai les principes abstraits, il ne faudra donc pas me soupçonner d'exiger qu'on ne se serve plus d'aucune notion abstraite ; cela serait ridicule : je prétends seulement qu'on ne les doit jamais prendre pour des principes propres à mener à des découvertes.

Quant aux suppositions, elles sont d'une si grande ressource pour l'ignorance, si commodes ; l'imagination les fait avec tant de plaisir, avec si peu de peine : c'est de son lit qu'on crée, qu'on gouverne l'univers. Tout cela ne coûte pas plus qu'un rêve, et un philosophe rêve facilement.

Il n'est pas aussi facile de bien consulter l'expérience, et de recueillir des faits avec discernement. C'est pourquoi il est rare que nous ne prenions pour principes que des faits bien constatés, quoique peut-être nous en ayons beaucoup plus que nous ne pensons ; mais, par le peu d'habitude d'en faire usage, nous ignorons la manière de les appliquer. Nous avons vraisemblablement dans nos mains l'explication de plusieurs phénomènes, et nous l'allons chercher bien loin de nous. Par exemple, la gravité des corps a été de tout temps un fait bien constaté, et ce n'est que de nos jours qu'elle a été reconnue pour un principe.

C'est sur les principes de cette dernière espèce, que sont fondés les vrais systèmes, ceux qui mériteraient seuls d'en porter le nom. Car ce n'est que par le moyen de ces principes que nous pouvons rendre raison des choses dont il nous est permis de découvrir les ressorts. J'appellerai systèmes abstraits, ceux qui ne portent que sur des principes abstraits ; et hypothèses, ceux qui n'ont que des suppositions pour fondement. Par le mélange de ces différentes sortes de principes, on pourrait encore former différentes sortes de systèmes : mais, comme ils se rapporteraient toujours plus ou moins à l'une des trois que je viens d'indiquer, il est inutile d'en faire de nouvelles classes.

Des faits constatés, voilà proprement les seuls principes des sciences. Comment donc a-t-on pu en imaginer d'autres ? c'est ce que nous allons rechercher.

Les systèmes sont plus anciens que les philosophes : la nature en fait faire, et il ne s'en faisait pas de mauvais, lorsque les hommes n'avaient qu'elle pour maître. C'est qu'alors un système n'était et ne pouvait être que le fruit de l'observation. On ne se proposait pas encore de rendre raison de tout : on avait des besoins ; et on ne cherchait que les moyens d'y satisfaire,

L'observation pouvait seule faire connaître ces moyens ; et on observait, parce qu'on y était forcé. Dans l'ignorance de ce qu'on a depuis nommé principe, on avait au moins l'avantage de se garantir de bien des erreurs : car il faut un commencement de connaissances pour s'égarer, et il semble souvent que les philosophes n'ont eu que ce commencement.

Les hommes observaient donc, c'est-à-dire, qu'ils remarquaient les faits relatifs à leurs besoins,

parce qu'on avait peu de besoins, il y avait peu d'observations à faire ; et, parce que les besoins étaient de première nécessité, il était rare qu'on se trompât ; les erreurs, du moins, ne pouvaient être que passagères ; on en était bientôt averti, puisque les besoins n'étaient pas satisfaits.

L'observation ne se faisait encore qu'en tâtonnant, il n'était donc pas toujours possible de s'assurer d'un fait, aussitôt qu'on avait cru l'apercevoir. On le soupçonnait, on le supposait, et, faute de mieux, une supposition tenait lieu de découverte, qu'une nouvelle observation confirmait ou détruisait.

C'est ainsi que la nature guidait les hommes, et c'est ainsi qu'ils s'instruisaient, sans remarquer qu'ils allaient de connaissances en connaissances, par une suite de faits bien observés.

Lorsqu'ils eurent fait les découvertes relatives à leurs besoins, il est évident que, pour en faire d'un autre genre, ils n'avaient qu'à tenir la même conduite. Une première observation, qui n'aurait été qu'un tâtonnement, leur aurait donné des soupçons ; ces soupçons leur auraient indiqué d'autres observations à faire, et ces observations auraient confirmé ou détruit les faits supposés.

Quand on aurait eu des faits en assez grand nombre pour expliquer les phénomènes dont on cherchait la raison, les systèmes se seraient achevés, en quelque sorte, tout seuls, parce que les faits se seraient arrangés d'eux-mêmes dans l'ordre où ils s'expliquent successivement les uns les autres. Alors on aurait vu que, dans tout système, il y a un premier fait, un fait qui en est le commencement, et que, par cette raison, on aurait appelé *principe* : car *principe* et *commencement* sont deux mots qui signifient originairement la même chose.

Les suppositions ne sont proprement que des soupçons ; et, si nous avons besoin d'en faire, c'est que nous sommes condamnés à tâtonner.

Dès que les suppositions ne sont que des soupçons, elles ne sont pas des faits constatés : elles ne peuvent donc pas être le principe ou le commencement d'un système : car tout un système se réduirait à un soupçon.

Mais, si elles ne sont pas le principe ou le commencement d'un système, elles sont le principe ou le commencement des moyens que nous avons pour le découvrir. Or, parce qu'elles sont le principe de ces moyens, on a cru qu'elles sont aussi le principe du système. On a donc confondu deux choses bien différentes.

A mesure que nous acquérons des connaissances, nous sommes obligés de les distribuer dans différentes classes : nous n'avons pas d'autres moyens pour mettre de l'ordre entre elles. Les classes les moins générales comprennent les individus, et on les nomme espèces par rapport aux classes plus générales, qu'on nomme genres. Les classes qui sont des genres, par rapport à celles qui leur sont subordonnées, deviennent elles-mêmes des espèces, par rapport à d'autres classes plus générales qu'elles ; et c'est ainsi qu'on arrive de classes en classes à un genre qui les comprend toutes.

Lorsque cette distribution est faite, nous avons un moyen bien abrégé pour nous rendre compte de nos connaissances : c'est de commencer par les classes les plus générales. Car le genre suprême n'est proprement qu'une expression abrégée, qui comprend toutes les classes subordonnées, et qui les fait embrasser d'un coup-d'œil. Quand je dis *être*, par exemple, je vois *substance* et *modification*, *corps* et *esprit*, *qualité* et *propriété* ; en un mot, je vois toutes les divisions et sous-divisions, comprises entre l'être et les individus. C'est donc par une classe générale que je dois commencer, quand je veux me représenter rapidement une multitude de choses ; et alors on peut dire qu'elle est un commencement ou un principe. Voilà ce qu'on a vu confusément, et on a dit : *les idées générales, les maximes générales sont les principes des sciences.*

Je le répète donc : des faits bien constatés peuvent seuls être les vrais principes des sciences ; et, si on a pris pour principe d'un système, des suppositions et des maximes générales, c'est que, sans se rendre compte de ce qu'on voyait, on a vu qu'elles sont le principe ou le commencement de quelque chose.

CHAPITRE II
De l'inutilité des Systèmes abstraits.

Les philosophes qui croient aux principes abstraits, vous disent : considérez avec attention les idées qui approchent davantage de l'universalité des premiers principes ; formez-en des propositions, et vous aurez des vérités moins générales : considérez ensuite les idées qui approchent le plus, par leur universalité, des découvertes que vous venez de faire, faites-en de nouvelles propositions, continuez de la sorte, n'oubliez pas d'appliquer vos premiers principes à chaque proposition que vous découvrez, et vous descendrez par degrés, des principes généraux aux connaissances les plus particulières.

Suivant ces philosophes, Dieu, en créant nos âmes, se contente d'y graver certains principes généraux ; et les connaissances que nous acquérons par la suite, ne sont que des déductions que nous faisons de ces principes innés. Nous ne savons que notre corps est plus grand que notre tête, que parce qu'aux idées de *corps* et de *tête* nous appliquons ce principe, *le tout est plus grand que sa partie.* Mais, afin que nous ne soyons pas surpris de faire cette application

sans nous en apercevoir, on avertit qu'elle se fait par une opération secrète, et que l'habitude où nous sommes de réitérer souvent
les mêmes jugements, nous empêche d'en remarquer la véritable
source. Suivant ces philosophes, les principes abstraits sont donc si
certainement l'origine de nos connaissances, que si on nous les en-
lève, ils ne conçoivent pas que, parmi les vérités les plus évidentes,
il y en ait quelqu'une à notre portée. Mais ils renversent l'ordre de
la génération de nos idées.

C'est aux idées plus faciles, à préparer l'intelligence de celles qui
le sont moins. Or chacun peut connaître, par sa propre expérience,
que les idées sont plus faciles, à proportion qu'elles sont moins
abstraites et qu'elles se rapprochent davantage des sens ; qu'au
contraire elles sont plus difficiles, à proportion qu'elles s'éloignent
des sens, et qu'elles deviennent plus abstraites. La raison de cette
expérience, c'est que toutes nos connaissances viennent des sens.
Une idée abstraite veut donc être expliquée par une idée moins
abstraite, et ainsi successivement, jusqu'à ce qu'on arrive à une idée
particulière et sensible.

D'ailleurs, le premier objet d'un philosophe, doit être de déterminer exactement ses idées. Les idées particulières sont déterminées
par elles-mêmes, et il n'y a qu'elles qui le soient : les notions abstraites sont au contraire naturellement vagues, et elles n'offrent rien
de fixe, qu'elles n'aient été déterminées par d'autres. Mais sera-ce
par des notions encore plus abstraites ? Non, sans doute, car ces
notions auraient elles-mêmes encore plus besoin d'être déterminées ; il faut donc recourir à des idées particulières. En effet, rien
n'est plus propre à expliquer une notion, que celle qui l'a engen-
drée. Par conséquent, on a bien tort de vouloir que nos connaissances aient leur origine dans des principes abstraits [1].

Mais, d'ailleurs quels seraient ces principes ? Seraient-ce des
maximes si généralement reçues, que personne ne les ose contester ? *Il est impossible qu'une chose soit et ne soit pas en même temps :*

1 Locke a connu que les maximes abstraites ne sont pas la source de nos connaissances. Il en donne des raisons ; que je ne rapporte pas, parce que, son ouvrage est
entre les mains de tout le monde. Voyez Essai sur l'entendement humain, liv. 4,
chap. 7, § 9 et 10 ; Mais, à la fin du § 11 du même chap., l'autorité des mathé-
maticiens lui en impose ; et il approuve que les principes abstraits soient employés
comme préliminaires pour exposer des vérités connues. Je crois avoir démontré
l'inutilité et l'abus qu'il y a à en faire cet usage. Voyez la Logique et l'Art de penser.

Étienne Bonnot de Condillac

tout ce qui est, est ; et autres semblables. On cherchera longtemps des philosophes qui aient tiré de là quelques connaissances. Dans la spéculation, ils conviennent tous, à la vérité, que les premiers principes sont ceux qui sont universellement adoptés : leur méthode a même quelque chose de séduisant par la manière avec laquelle elle se présente d'abord. Mais il est curieux de les suivre dans la pratique, de voir comment ils se séparent bientôt, et avec quel mépris les uns rejettent les principes des autres. Il me semble qu'on ne saurait entrer dans cette recherche, sans s'apercevoir que ces sortes de propositions ne suffisent pas pour conduire à quelques connaissances.

Si les principes abstraits sont des propositions générales, vraies dans tous les cas possibles, ils sont moins des connaissances qu'une manière abrégée de rendre plusieurs connaissances particulières, acquises avant même qu'on eût pensé aux principes. *Le tout est plus grand que sa partie*, signifie ; *mon corps est plus grand que mon bras ; mon bras, que ma main ; ma main que mon doigt*, etc. En un mot, cet axiome ne renferme que des propositions particulières de cette espèce ; et les vérités auxquelles on s'imagine qu'il conduit, étaient connues avant qu'il le fût lui-même.

Cette méthode serait donc tout-à-fait stérile, si elle n'avait pour fondement que de semblables maximes. Aussi a-t-on deux moyens pour lui donner une fécondité apparente. Le premier consiste à partir des propositions, qui, étant vraies par bien des endroits, surtout par ceux qui frappent davantage, donnent lieu de supposer qu'elles le sont dans tous les cas. A la vérité, si on les appréciait, et qu'on n'en tirât que des conséquences exactes, il est visible qu'il en serait comme des principes dont nous venons de parler. Mais on s'en donne bien de garde : au contraire, on les suppose vraies à bien des égards où elles sont tout-à-fait fausses. Dès lors on peut les appliquer à des choses où elles ne sont point applicables, et en tirer des conséquences, qui paraîtront d'autant plus nouvelles, qu'elles n'y étaient pas renfermées. Tel est le principe des Cartésiens : *on peut affirmer d'une chose tout ce qui est renfermé dans l'idée claire que nous en avons.* Car je ferai voir qu'il n'est pas toujours vrai [1].

Cette manière de donner une espèce de fécondité à un système abstrait, est la plus adroite : la seconde est assez grossière, mais elle

1 Chap. 6, art. 2.

CHAPITRE II

n'en est pas moins en usage.

Elle consiste à imaginer une chose qu'on ne conçoit pas, d'après une chose dont les idées sont plus familières ; et quand, par ce moyen, on s'est fait une certaine quantité de rapports abstraits et de définitions frivoles, on raisonne sur l'une comme on raisonnerait sur l'autre. C'est ainsi que le langage qu'on emploie pour les corps, sert à bien des philosophes pour rendre raison de ce qui se passe dans l'âme. Il leur suffit d'imaginer quelques rapports entre ces deux substances. Nous en verrons des exemples. Il y a donc trois sortes de principes abstraits en usage. Les premiers sont des propositions générales, exactement vraies dans tous les cas. Les seconds sont des propositions vraies par les côtés les plus frappants, et que pour cela on est porté à supposer vraies à tous égards. Les derniers sont des rapports vagues qu'on imagine entre des choses de nature toute différente. Cette analyse suffit pour faire voir que, parmi ces principes, les uns ne conduisent à rien et que les autres ne mènent qu'à l'erreur. Voilà cependant tout l'artifice des systèmes abstraits.

Si les réflexions précédentes ne suffisent pas pour se convaincre de l'inutilité de ces principes, qu'on donne à quelqu'un ceux d'une science qu'il ignore, pourra-t-il l'approfondir avec un si faible secours ? Qu'il médite ces maximes : *le tout est égal à toutes ses parties ; à des grandeurs égales ajoutez des grandeurs égales, les tous seront égaux ; ajoutez-en d'inégales, ils seront inégaux* : aura-t-il là de quoi devenir un profond géomètre ?

Mais, afin de rendre la chose plus sensible, je voudrais bien qu'on arrachât à son cabinet ou à l'école, un de ces philosophes qui aperçoivent une si grande fécondité dans les principes généraux, et qu'on lui offrît le commandement d'une armée, ou le gouvernement de l'état. S'il se rendait justice, il s'excuserait, sans doute, sur ce qu'il n'entend ni la guerre ni la politique : mais ce serait pour lui la plus petite excuse du monde. L'art militaire et la politique ont leurs principes généraux, comme toutes les autres sciences. Pourquoi donc ne pourrait-il pas, si on les lui apprend, ce qui n'est l'affaire que de peu d'instants, en découvrir toutes les conséquences, et devenir, après quelques heures de méditation, un Condé, un Turenne, un Richelieu, un Colbert ? Qui l'empêcherait de choisir entre ces grands hommes ? On sent combien cette supposition est ridicule, parce qu'il ne suffit pas, pour avoir la réputation de bon ministre et de bon général, comme pour avoir celle de philosophe, de se perdre en vaines spéculations. Mais peut-on exiger moins d'un philosophe pour bien raisonner, que d'un général ou d'un ministre pour bien agir ? Quoi ! il faudra que ceux-ci aient percé, ou qu'au moins ils aient étudié avec soin les détails des emplois subalternes ; et un philosophe deviendra tout-à-coup un homme savant, un homme pour qui la nature n'a point de secrets ; et cela par le charme de deux ou trois propositions !

Une autre considération bien propre encore à démontrer l'insuffisance des principes abstraits, c'est qu'il n'est pas possible qu'une question y soit envisagée, suivant toutes ses faces. Car les notions qui forment ces principes n'étant que des idées partielles, on n'en saurait faire usage, qu'on ne fasse abstraction de bien des considérations essentielles. Voilà pourquoi les matières un peu compliquées, ayant mille biais par ou on les peut prendre, donnent lieu à grand nombre de systèmes abstraits. On demande, par exemple, quelle est l'origine du mal. Bayle établit sa réponse sur les principes de la bonté, de la sainteté et de la toute-puissance de Dieu : Malebranche préfère ceux de l'ordre, de la sagesse : Leibnitz croit qu'il ne faut que sa raison, suffisante pour expliquer tout : les théologiens emploient les principes de la liberté, de la providence générale et de la chute d'Adam [1] : les Sociniens nient la prescience divine : les Origénistes assurent que les peines ne seront pas éternelles : Spinoza n'admet qu'une aveugle et fatale nécessité : enfin, les Manichéens ont de tout temps entassé principes sur principes, absurdités sur absurdités. Je ne parle pas des philosophes païens, qui, en raisonnant sur des principes différents, sont tombés dans quelques-uns de ces systèmes, ou dans d'autres, tels que la métempsycose.

On voit, par cet exemple, combien il est impossible d'élever sur

1 Les principes dont Bayle, Malebranche, Leibnitz et les théologiens se servent, sont autant de vérités : c'est l'avantage qu'ils ont sur ceux des Sociniens, des Origénistes et des autres. Mais aucune de ces vérités n'est assez féconde pour nous donner la raison de tout. Bayle ne se trompe point lorsqu'il dit que Dieu est saint, bon, tout-puissant : il se trompe sur ce qu'en croyant ces *données*-là suffisantes, il veut faire un système. J'en dis autant des autres. Le petit nombre de vérités que notre raison peut découvrir, et celles qui nous sont révélées, font partie d'un système propre à résoudre tous les problèmes possibles ; mais elles ne sont pas destinées à nous le faire connaître, et l'Église n'approuve point les théologiens qui entreprennent de tout expliquer.

CHAPITRE II

des principes abstraits un système qui embrasse toutes les parties d'une question. Cependant les philosophes ne balancent pas. Dans ces sortes de cas, chacun a un système favori, auquel il veut que tous les autres cèdent. La raison a peu de part au choix qu'ils font ; d'ordinaire les passions décident toutes seules. Un esprit, naturellement doux et bienfaisant, adoptera les principes qu'on tire de la bonté de Dieu, parce qu'il ne trouve rien de plus grand, de plus beau, que de faire du bien : ainsi, ce doit être là le premier caractère de la divinité, celui auquel tout doit se rapporter. Un autre, dont l'imagination est grande, et les idées sont relevées aimera mieux les principes qu'on emprunte de l'ordre et de la sagesse, parce que rien ne lui plaît davantage qu'un enchaînement de causes à l'infini, et une combinaison admirable de toutes les parties de l'univers, le malheur de toutes les créatures dût-il en être une suite nécessaire. Enfin, un caractère sombre, mélancolique, misanthrope, odieux à lui et aux autres, aura du goût pour ces mots *destin, fatalité, nécessité, hasard*, parce qu'inquiet, mécontent de lui et de tout ce qui l'environne, il est obligé de se regarder comme un objet de mépris et d'horreur, ou de se persuader qu'il n'y a ni bien ni mal, ni ordre ni désordre. Peut-il hésiter ? Sagesse, honneur, vertu, probité ; voilà de vains sons : destin, fatalité, hasard, nécessité ; voilà son système.

Ce serait trop présumer que de penser pouvoir corriger tous les hommes sur ce sujet. Quand la curiosité se trouve jointe à un peu d'imagination, on veut aussitôt porter la vue au loin, on veut tout embrasser, tout connaître. Dans ce dessein, on néglige les détails, les choses à notre portée ; on vole dans des pays inconnus, et on bâtit des systèmes. Il est cependant constant que, pour se faire une vue générale et étendue, qui soit fixe et assurée, il faut commencer par se rendre familières les vérités particulières. Peut-être que tel, qui s'est trouvé dans les premières places, n'a été un esprit médiocre, que parce qu'il avait négligé cette étude. Peut-être eût-il mérité les éloges dus aux plus grands hommes, s'il eût donné plus de soin à acquérir jusqu'aux moindres connaissances nécessaires aux emplois auxquels il se destinait. Une sage conduite multiplierait les talents et développerait les génies.

Aujourd'hui, quelques physiciens, les chimistes surtout, s'attachent uniquement à recueillir des phénomènes, parce qu'ils ont reconnu qu'il faut embrasser les effets de la nature, et en découvrir la dépendance mutuelle, avant de poser des principes qui les ex-pliquent. L'exemple de leurs prédécesseurs leur a servi de leçon ; ils veulent au moins éviter les erreurs où la manie des systèmes a entraîné. Qu'il serait à souhaiter que le reste des philosophes les imitât !

Mais, en général, on n'a travaillé qu'à augmenter le nombre des principes abstraits. Descartes, Malebranche, Leibnitz et beaucoup d'autres, ont vu dans bien des maximes une fécondité que personne n'avait remarquée avant eux. Qui sait même si, quelque jour, de nouveaux philosophes ne donneront pas naissance à de nouveaux principes ? Combien de systèmes n'a-t-on pas faits ? combien n'en fera-t-on pas encore ? Si du moins on en trouvait un qui fût reçu à-peu-près uniformément par tous ses partisans ! Mais quel fonds a-t-on pu faire sur des systèmes qui souffrent mille changements, en passant par mille mains différentes ; qui, jouets du caprice, pa-raissent et disparaissent de la même manière ; et qui se soutiennent si peu, que souvent on les peut également employer à défendre le pour et le contre ?

Que des hommes, au sortir d'un profond sommeil, se voyant au milieu d'un labyrinthe, posent des principes généraux pour en dé-couvrir l'issue ; quoi de plus ridicule ? Voilà pourtant la conduite des philosophes. Nous naissons au milieu d'un labyrinthe, où mille détours ne sont tracés que pour nous conduire à l'erreur : s'il y a un chemin qui mène à la vérité, il ne se montre pas d'abord ; souvent c'est celui qui paraît mériter le moins notre confiance. Nous ne saurions donc prendre trop de précaution. Avançons lentement, examinons soigneusement tous les lieux par où nous passons, et connaissons-les si bien, que nous soyons en état de revenir sur nos pas. Il est plus important de ne nous trouver qu'où nous étions d'abord, que de nous croire trop légèrement hors du labyrinthe. Les chapitres suivants en seront la preuve.

CHAPITRE III.
Des abus des Systèmes abstraits.

Si je voulais réduire en système une matière dont j'aurais appro-fondi tous les détails, je n'aurais qu'à remarquer les rapports de ses différentes parties, et à saisir ceux où elles seraient dans une si grande liaison, que les premières connues suffiraient pour rendre raison des autres. Dès lors j'aurais des principes dont l'application serait si bien déterminée, qu'il ne serait pas possible de les restreindre, ni de les étendre à des cas d'une nature différente. Mais, quand on veut bâtir un système sur une matière dont les détails sont totalement inconnus, comment fixer l'étendue des principes ? Et, quand les principes sont vagues, comment les expressions auront-elles quelque précision ? Si, cependant, bien prévenu que je ne puisse acquérir des connaissances que par cette voie, je m'y livre tout entier ; si je pose principes sur principes ; si je tire conséquences sur conséquences, bientôt m'en imposant à moi-même, j'admirerai la fécondité de cette méthode ; je m'applaudirai de mes prétendues découvertes, et je ne douterai pas un instant de la solidité de mon système : les principes m'en paraîtront naturels, les expressions simples, claires et précises, et les conséquences parfaitement bien tirées. Ainsi, le premier abus des systèmes, celui qui est la source de beaucoup d'autres, c'est que nous croyons acquérir de véritables connaissances, lorsque nos pensées ne roulent que sur des mots qui n'ont point de sens déterminé.

Bien plus, c'est que, prévenus par la facilité et par la fécondité de cette méthode, nous ne songeons pas à rappeler à l'examen les principes sur lesquels nous avons raisonné. Au contraire, bien persuadés qu'ils sont la source de toutes nos connaissances, plus nous les employons, moins nous avons de scrupule. Si nous en osions douter, à quelle vérité pourrions-nous prétendre ? Voilà ce qui a consacré cette maxime singulière, *qu'il ne faut pas mettre les principes en question* : maxime d'un abus d'autant plus grand, qu'il n'y a point d'erreur où elle ne puisse entraîner.

Cet axiome, tout déraisonnable qu'il est, une fois adopté, il est naturel de penser qu'on ne doit plus juger d'un système que par la manière dont il rend raison des phénomènes. Fût-il fondé sur les idées les plus claires, sur les faits les plus sûrs, s'il manque par cet endroit, il le faut rejeter ; et on doit adopter un système absurde, lorsqu'il explique tout. Tel est l'excès d'aveuglement où l'on est tombé : j'en donnerai pour exemple ce que Bayle a écrit sur le Manichéisme.

Étienne Bonnot de Condillac

« Les idées, dit-il, [1] les plus *sures* [2] et les plus *claires* de l'ordre, nous apprennent qu'un être qui existe par lui-même, qui est nécessaire, qui est éternel, doit être unique, infini, tout-puissant, et doué de toutes sortes de perfections. Ainsi, en consultant ces idées, on ne trouve rien *de plus absurde* que l'hypothèse de deux principes éternels et indépendants l'un de l'autre, dont l'un n'ait aucune bonté et puisse arrêter les desseins de l'autre. Voilà ce que j'appelle les raisons *a priori*. Elles nous conduisent nécessairement à rejeter cette hypothèse, et à n'admettre qu'un principe de toutes choses. S'il ne fallait que cela pour la bonté d'un système, le procès serait vidé à la confusion de Zoroastre et de tous ses sectateurs. Mais il n'y a point de système qui, pour être bon, n'ait besoin de ces deux choses ; l'une, que les idées en soient distinctes ; l'autre, qu'il puisse rendre raison des phénomènes ».

Ces deux choses sont en effet également essentielles. Si les idées claires et sures ne suffisent pas pour expliquer les phénomènes, on n'en saurait faire un système ; on doit se borner à les regarder comme des vérités qui appartiennent à une science dont on ne connaît encore qu'une petite partie. Si des idées sont absurdes, rien ne serait moins raisonnable que de les prendre pour principes ; ce serait vouloir expliquer des choses qu'on ne comprendrait pas par d'autres dont on concevrait toute la fausseté. De là il faudrait conclure qu'en supposant que le système de l'unité de principe ne suffise pas pour l'explication des phénomènes, ce n'est pas une raison d'admettre comme vrai celui des Manichéens : il lui manque une condition essentielle.

Mais Bayle raisonne bien différemment. Dans le dessein de faire conclure qu'il faut recourir aux lumières de la révélation pour ruiner le système des Manichéens, comme, s'il était nécessaire de la révélation pour détruire une opinion qu'il convient être contraire aux idées les plus claires et les plus sures, il feint une dispute entre Mélissus et Zoroastre, et fait ainsi parler ce dernier :

« Vous me surpassez dans la beauté des idées et dans les raisons *a priori*, et je vous surpasse dans les explications des phénomènes et dans les raisons *a posteriori* ; et, puisque le principal caractère du bon système est d'être capable de donner raison des expériences, et

---

1 Manichéens.
2 Je mets en italique les expressions qu'il faut principalement remarquer.

que la seule incapacité de les expliquer est une preuve qu'une hypothèse n'est point bonne, quelque belle qu'elle paraisse d'ailleurs, demeurez d'accord que je frappe au but en admettant deux principes, et que vous n'y frappez pas, vous qui n'en admettez qu'un ».

Bayle, en supposant que le principal caractère d'un système est de rendre raison des phénomènes, adopte un préjugé des plus généralement reçus, et qui est une suite du principe, *qu'il ne faut pas mettre les principes en question.* Il est aisé de donner à Mélissus une réponse plus raisonnable que l'argument de Zoroastre.

« Si les raisons *a priori* de deux systèmes, lui ferais-je dire, étaient également bonnes, il faudrait donner la préférence à celui qui expliquerait les phénomènes. Mais, si l'un est fondé sur des idées claires et sures, et l'autre sur des idées absurdes, il ne faut pas tenir compte au dernier de paraître rendre raison des phénomènes ; il ne les explique pas ; il ne les peut pas expliquer, parce que le vrai ne saurait avoir sa raison dans le faux. L'absurdité des principes est donc une preuve qu'une hypothèse n'est point bonne. Il est donc démontré que vous ne frappez pas au but ».

« Quant à ce que vous dites, qu'une supposition est mauvaise par la seule incapacité d'expliquer les phénomènes, je distingue : elle est mauvaise, si cette incapacité vient du fond de la supposition même, en sorte que par sa nature elle soit insuffisante à l'explication des phénomènes. Mais, si son incapacité vient des bornes de notre esprit, et de ce que nous n'avons pas encore acquis assez de connaissances pour la faire servir à rendre raison de tout, il est faux qu'elle soit mauvaise. Par exemple, je ne reconnais qu'un premier principe, parce que, de votre aveu, c'est l'idée la plus claire et la plus sure : mais, incapable de pénétrer les voies de cet être suprême, mes lumières ne me suffisent point pour rendre raison de ses ouvrages. Je me borne à recueillir les différentes vérités qui viennent à ma connaissance, et je n'entreprends pas de les lier et d'en faire un système qui explique toutes les contradictions que vous vous imaginez voir dans l'univers. Quelle nécessité en effet, pour la vérité du système que Dieu s'est prescrit, que je le puisse comprendre ? Convenez donc que, de ce qu'avec un seul principe je ne puis pas rendre raison des phénomènes, vous n'êtes pas en droit de conclure qu'il y en ait deux ».

Étienne Bonnot de Condillac

Il faudrait être bien prévenu, pour ne pas sentir combien ce raisonnement de Mélissus serait plus solide que celui de Zoroastre.

Les Physiciens n'ont pas peu contribué à donner cours à ce principe, *qu'il suffit pour un système de rendre raison des phénomènes.* Ils en avaient besoin, surtout lorsqu'ils voulaient expliquer par quelles voies Dieu a créé et conservé l'univers. Mais si, pour faire un système, on peut poser toutes sortes de principes, prendre les plus absurdes comme les plus évidents, et faire une complication de causes sans raison, quel mérite peut-il y avoir dans des ouvrages de cette espèce ? mériteraient-ils même d'être réfutés, s'ils n'étaient défendus par des auteurs dont le nom peut en imposer ? Cependant, quelque sensible que soit un pareil abus, il suffit d'être versé dans la lecture des philosophes, pour être convaincu du peu de précaution qu'ils apportent à l'éviter. Voici comment se conduisent ceux qui veulent faire un système : et qui n'en, veut pas faire ! Prévenus pour une idée, souvent sans trop savoir pourquoi, ils prennent d'abord tous les mots qui paraissent y avoir quelque rapport. Celui, par exemple, qui veut travailler sur la métaphysique se saisit de ceux-ci : *Être, substance, essence, nature, attribut, propriété, mode, cause, effet, liberté, éternité,* etc. Ensuite, sous prétexte qu'on est libre d'attacher aux termes les idées qu'on veut, il les définit suivant son caprice ; et la seule précaution qu'il prenne, c'est de choisir les définitions les plus commodes pour son dessein. Quelque bizarres que soient ces définitions, il y a toujours entre elles des rapports : le voilà donc en droit d'en tirer des conséquences et de raisonner à perte de vue. S'il repasse sur la chaîne des propositions qu'il s'est forgée par ce moyen, il aura de la peine à se persuader que des définitions de mots puissent mener aussi loin ; d'ailleurs, il ne saurait soupçonner qu'il ait médité en pure perte. Il conclut donc que les définitions de mot sont devenues des définitions de chose, et il admire la profondeur des découvertes qu'il croit avoir faites. Mais il ressemble, comme le remarque Locke en pareil cas, à des hommes qui, sans argent et sans connaissances des espèces courantes, compteraient de grosses sommes avec des jetons, qu'ils appelleraient louis, livre, écu. Quelques calculs qu'ils fissent, leurs sommes ne seraient jamais que des jetons : quelque raisonnement que fasse un philosophe, tel que celui dont je parle, ses conclusions ne seront jamais que des mots.

CHAPITRE III

Voilà donc la plupart, ou plutôt tous les systèmes abstraits qui ne roulent que sur des sons. Ce sont pour l'ordinaire les mêmes termes partout ; mais, parce que chacun se croit en droit de les définir à sa manière, nous tirons, à l'envi, des conséquences bien différentes, et nous semblons supposer que la vérité dépend des caprices de notre langage. « Par exemple, que l'homme soit le sujet sur lequel on veut démontrer quelque chose par le moyen de ces premiers principes, et nous verrons que, tant que la démonstration dépendra de ces principes, elle ne sera que verbale, et ne nous fournira aucune proposition certaine, véritable et universelle, ni aucune connaissance de quelque être existant hors de nous. Premièrement, un enfant s'étant formé l'idée d'un homme, il est probable que son idée est justement semblable au portrait qu'un peintre fait des apparences visibles, qui, jointes ensemble, constituent la forme extérieure d'un homme, de sorte qu'une telle complication d'idées unies dans son entendement, constitue cette particulière idée complexe qu'il appelle *homme* ; et, comme le *blanc* ou la *couleur de chair* fait partie de cette idée, l'enfant peut démontrer en vertu de ce principe, *il est impossible qu'une chose soit et ne soit pas*, qu'un nègre n'est pas un homme, sa certitude étant fondée sur la perception claire et distincte qu'il a des idées de *noir* et de *blanc*, qu'il ne peut confondre. Vous ne sauriez non plus démontrer à cet enfant ou à quiconque a une telle idée qu'il désigne par le nom d'homme, qu'un homme ait une âme, parce que son idée d'homme ne renferme en elle-même aucune telle notion ; et par conséquent c'est un point qui ne peut lui être prouvé par le principe, *ce qui est, est*, mais qui dépend de conséquences et d'observations, par le moyen desquelles il doit former son idée complexe, désignée par le mot *homme* ».

« En second lieu, un autre qui, en formant la collection de l'idée complexe qu'il appelle *homme*, est allé plus avant, et qui a ajouté à la forme extérieure le *rire* et le *discours raisonnable*, peut démontrer que les enfants qui ne font que de naître, et les imbéciles, ne sont pas des hommes, par le moyen de cette maxime, *il est impossible qu'une chose soit et ne soit pas*. Et en effet, il m'est arrivé de discourir avec des personnes fort raisonnables, qui m'ont nié que les enfants et les imbéciles fussent hommes ».

« En troisième lieu, peut-être qu'un autre ne compose son idée complexe qu'il appelle *homme*, que des idées de corps en général, et de la puissance de parler et de raisonner, et en exclut entièrement la forme extérieure [1]. Et un tel homme peut démontrer qu'un homme peut n'avoir point de mains et avoir quatre pieds, puisqu'aucune de ces deux choses ne se trouve renfermée dans son idée d'*homme* : et, dans quelque corps ou figure qu'il trouve la faculté de parler jointe à celle de raisonner, c'est là un homme à son égard, parce qu'ayant une connaissance évidente d'une telle idée complexe, il est certain que *ce qui est, est* [2] ».

J'ai rapporté au long cet exemple de Locke, parce qu'il montre sensiblement combien l'usage des principes abstraits est ridicule. Ici il est aisé de s'en convaincre parce qu'on les applique à des choses qui nous sont familières. Mais, quand il s'agit des idées abstraites de la métaphysique, des expressions peu déterminées dont cette science est remplie, qu'on juge des contradictions et des absurdités où ils font tomber.

La méthode que je blâme est trop accréditée pour n'être pas encore longtemps un obstacle aux progrès de l'art de raisonner. Propre à démontrer à notre choix toutes sortes d'opinions, elle flatte également toutes les passions. Elle éblouit l'imagination par la hardiesse des conséquences où elle conduit : elle séduit l'esprit, parce qu'on ne réfléchit pas quand l'imagination et les passions s'y opposent, et, par des suites nécessaires, elle fait naître et nourrit l'entêtement pour les erreurs les plus monstrueuses, l'amour pour la dispute, l'aigreur avec laquelle on la soutient, l'éloignement pour la vérité, ou le peu de sincérité avec laquelle on la recherche. Enfin, si on se trouve un esprit de critique, on commence à apercevoir les incertitudes où elle jette. Alors, persuadé qu'il ne peut pas y avoir de meilleure méthode, on n'adopte plus aucun système, on tombe dans une autre extrémité, et on assure qu'il n'est point de connaissances auxquelles il nous soit permis de prétendre.

Si les philosophes ne s'appliquaient qu'à des matières de pure spé-

---

1 « Je puis bien concevoir un homme sans mains, sans pieds ; je le concevrais même sans tête, si l'expérience ne m'apprenait que c'est par là qu'il pense. C'est donc la pensée qui fait l'être de l'homme, et sans quoi on ne peut le concevoir ». *Pensées de Pascal*, chap. 23, n°. 1.
2 Locke, *Essai sur l'entendement humain*, livre 4, chapitre 7, § 16, 17 et 18. On voit que ce philosophe a connu un des principaux abus des principes abstraits. Voilà à quoi peut se réduire tout ce qu'il dit à ce sujet. Il eût été à souhaiter qu'il eût entrepris de démêler tout l'artifice des systèmes qui portent sur ces sortes de principes.

culation, on pourrait s'épargner la peine de critiquer leur conduite. C'est bien la moindre chose qu'on permette aux hommes de déraisonner quand leurs erreurs ne tirent pas à conséquence. Mais il ne faut pas s'attendre à les trouver plus sages, lorsqu'ils ont à méditer sur des sujets de pratique. Les principes abstraits sont une source abondante en paradoxes, et les paradoxes sont d'autant plus intéressants, qu'ils se rapportent à des choses d'un plus grand usage. Quels abus, par conséquent, cette méthode n'a-t-elle pas dû introduire dans la morale et dans la politique !

La morale est l'étude de peu de philosophes ; c'est peut-être un bonheur. La politique est la proie d'un plus grand nombre d'esprits, soit parce qu'elle flatte l'ambition, soit parce que l'imagination se plaît davantage dans les grands intérêts qui en sont l'objet. D'ailleurs il y a peu de citoyens qui ne prennent quelque part au gouvernement ! Malheureusement pour les peuples, cette science devait donc avoir plus de principes abstraits qu'aucune autre.

L'expérience n'apprend que trop combien les maximes politiques, qui ne sont vraies que dans certaines circonstances, deviennent dangereuses, lorsqu'on les prend pour règle générale de conduite ; et personne n'ignore que les projets de ceux qui gouvernent, ne sont défectueux, que parce qu'ils portent sur des principes où l'on ne saisit qu'une partie de ce qu'on devrait embrasser en entier. L'histoire instruit des abus de ces systèmes. Les principes abstraits ne sont proprement qu'un jargon : on le voit déjà, et on le verra encore plus sensiblement dans les chapitres suivants. C'est une confirmation d'une grande vérité que j'ai démontrée, [1] que *l'art de raisonner se réduit à une langue bien faite.*

CHAPITRE IV.
Premier et second exemple,
sur l'abus des Systèmes abstraits.

Les philosophes doivent leur réputation à l'importance des sujets dont il s'occupent plutôt qu'à la manière dont ils les traitent. Peu de personnes sont en droit d'avoir du mépris pour l'aveuglement qui leur fait faire si fréquemment des tentatives au-dessus

---

1 Logique.

de leurs forces ; et le commun des hommes les croit grands, parce qu'ils s'appliquent à de grands objets. Dans cette prévention, on écarte tous les soupçons qu'on pourrait avoir sur leurs lumières ; on suppose contre toute raison, qu'il y a des connaissances qui ne peuvent pas être à la portée de tout esprit intelligent ; et on rejette, sur la profondeur des matières, l'obscurité des écrits qu'on n'entend pas. D'ailleurs, il faut tant d'attention pour être en garde contre une notion vague, contre un mot vide de sens, contre une équivoque, qu'on a plutôt fait d'admirer que de critiquer. Aussi, plus les questions que les philosophes agitent, sont difficiles, plus leur réputation est à l'abri. Ils le sentent eux-mêmes ; et, sans trop s'en rendre raison, ils sont portés, comme par instinct, à fouiller parmi les choses que la nature s'efforce de nous cacher. Mais retirons-les, pour quelques moments, de ces abîmes, où ils ne peuvent que se perdre ; appliquons leur manière de raisonner à des objets familiers, les défauts de leur conduite deviendront sensibles. Dans cette vue, j'ai choisi pour ce chapitre deux exemples dont le ridicule sautera aux yeux de tout le monde. Les préjugés les plus populaires m'en fourniront pour le suivant. Dans un autre, je rapporterai des erreurs qu'il semble que le peuple et les philosophes se disputent. Enfin j'exposerai des opinions qui, pour n'appartenir qu'à ces derniers, ne sont ni moins fausses, ni moins ridicules. Mon objet, dans ce plan, est de faire sentir que le philosophe et l'homme du peuple s'égarent par les mêmes causes. Ce sera une confirmation de ce que j'ai déjà prouvé ailleurs [1]. J'apporterai un grand nombre d'exemples, parce que rien ne me paraît plus important que de détruire la prévention où l'on est pour les systèmes abstraits.

Un aveugle-né, après bien des questions et bien des méditations sur les couleurs, crut enfin apercevoir dans le son de la trompette l'idée de l'écarlate. Sans doute il ne fallait que lui donner des yeux, pour lui faire connaître combien sa confiance était mal fondée.

Si nous voulons rechercher la manière dont il avait raisonné, nous y reconnaîtrons celle des philosophes. J'imagine que quelqu'un lui avait dit que l'écarlate est une couleur brillante et éclatante ; et il fit ce raisonnement. J'ai l'idée d'une chose brillante et éclatante dans le son de la trompette ; l'écarlate est une chose brillante et éclatante : donc, j'ai l'idée de l'écarlate dans le son de la trompette.

---

1 *Art de penser.* 2ᵉ part. chap. I. Voyez aussi la *Logique.*

Sur ce principe, cet aveugle aurait également pu se former des idées de toutes les autres couleurs, et établir les fondemens d'un système, dans lequel il aurait démontré, 1°. qu'on peut exécuter des airs avec des couleurs, comme avec des sons ; 2°. qu'on peut faire un concert avec des corps différemment colorés, comme avec des instrumens ; 3°. qu'on peut voir des airs comme on les peut entendre ; 4°. qu'un sourd peut danser parfaitement en mesure ; et peut-être encore mille choses, toutes plus neuves et plus curieuses les unes que les autres.

Il ne manquerait pas de faire valoir son système, par les avantages qu'on en pourrait retirer ; il exagérerait l'inconvénient du défaut d'oreille dans ceux qui font profession de danser et de chanter ; il n'oublierait, à ce sujet, aucun lieu commun, et il nous apprendrait comment nous pourrions faire suppléer les yeux aux oreilles. Que ne dirait-il pas sur la manière de mêler ces deux harmonies, sur l'art d'apprécier le rapport des couleurs aux sons, et sur les effets merveilleux que devrait produire une musique qui irait tout-à-la-fois à l'âme par deux sens ? Avec quelle sagacité ne conjecturerait-il pas qu'on en trouvera vraisemblablement une qui arrivera encore à elle par un plus grand nombre ? et avec quelle modestie ne laisserait-il pas à de plus habiles que lui le succès de cette découverte ? Il admirerait, sans doute, qu'il n'eût été donné qu'à lui de découvrir des choses échappées à tous ceux qui voient. Il se confirmerait dans ses principes, en considérant les conséquences qu'il en aurait tirées, et il ne manquerait pas d'être regardé comme un génie par ceux qui, comme lui, seraient privés de la vue : mais son triomphe ne serait que parmi des aveugles.

Il y a de l'harmonie dans les couleurs, c'est-à-dire, que les sensations que nous en avons, se font avec certains rapports et certaines proportions agréables. Par cette raison, il y en a aussi dans les choses du toucher, de l'odorat et du goût ; mais quiconque voudrait faire des airs pour chacun de ses sens, ferait connaître qu'il s'attache plus au son d'un mot qu'à sa signification.

En vérité, l'établissement d'un pareil système aurait à peine de quoi surprendre. On a toujours été porté à supposer une véritable musique, partout où l'on a pu faire usage du mot *harmonie*. N'est-ce pas sur ce fondement qu'on a cru que les astres formaient par leur mouvement un concert parfait ? On ne manquerait pas même de raisons propres à confirmer cette vision, pour peu qu'on voulût appliquer son imagination à découvrir quelques rapports entre les éléments de la musique et les parties de ce monde. Je le vais faire, et je tirerai de là mon second exemple.

C'est une chose évidente, remarquerai-je d'abord, que, s'il y a sept tons dans la musique, il y a aussi sept planètes. En second lieu, je puis supposer que, qui apercevrait la grandeur de ces planètes, leurs distances, ou d'autres qualités, trouverait entre elles une proportion semblable à celle qui doit être entre sept corps sonores qui sont dans l'ordre diatonique. Cela posé (car on peut supposer tout ce qui n'est pas impossible : et qui d'ailleurs pourrait prouver le contraire ?), rien n'empêcherait de reconnaître que les corps célestes forment un concert parfait.

Nous devrions même être d'autant plus portés à recevoir cette proposition pour vraie, qu'elle deviendrait un principe riche et fécond, qui nous mènerait à des découvertes où, sans ce secours, nous n'aurions osé aspirer.

Tout le monde convient que les étoiles fixes sont autant de soleils : je n'ai garde de rien avancer qu'on puisse me contester. Or il serait sans doute curieux de savoir combien chaque étoile éclaire de planètes. On avouera avec moi que, jusqu'ici, aucun astronome ni physicien n'a pu être capable de résoudre cette question : mais, dans mon système, la chose s'expliquerait d'une façon toute simple et toute naturelle. Car, s'il y a une harmonie parfaite parmi les corps célestes, et s'il n'y a que sept tons fondamentaux dans la musique, il ne doit y avoir que sept planètes fondamentales autour de chaque étoile.

Que si quelque esprit inquiet, et peu accoutumé à saisir et à goûter ces sortes de vérités, s'avisait de penser qu'il peut y en avoir davantage, je lui réponds que ce qu'il prend pour des planètes fondamentales, n'est que des satellites.

Au reste, pour qui serait cette musique ? Je vois ici qu'il y a des créatures dont la taille est prodigieusement au-dessus de la nôtre. Sans doute que celles qui sont destinées à jouir de cette harmonie céleste, ont des oreilles proportionnées à ces concerts, et par conséquent plus grandes que les nôtres, plus grandes que celles d'aucun philosophe. Heureuse découverte ! Mais encore leurs oreilles sont en proportion avec les autres parties de leur corps. La taille de ces créatures surpasse donc la nôtre, autant que les deux surpassent les salles de nos concerts. Quelle taille immense ! *Voilà où l'imagination s'étonne ; voilà ou elle se perd : preuve convaincante qu'elle n'a point de part aux découvertes que je viens de faire.* Elles sont l'ouvrage de l'entendement pur, ce sont des vérités toutes spirituelles [1].

---

1 Je joins ici les conjectures d'un homme célèbre sur les habitants des planètes ; elles prouvent qu'il n'y a rien d'exagéré dans le ridicule des systèmes que je viens d'imaginer. L'analogie fait juger que les planètes sont habitées. On sait avec quelle grâce cet argument est développé dans la *Pluralité des mondes*. Mais M. de Fontenelle est trop philosophe pour tirer d'un principe, des conséquences auxquelles il ne conduit pas. Messieurs Huygens et Wolf n'ont pas été aussi sages. Selon eux, les astres sont peuplés d'hommmes comme nous, et le dernier croit même avoir de bonnes raisons pour déterminer jusqu'à la taille de leurs habitants. *Il est, à mon égard* (dit-il, *Élément. astron.* Genev. 1735, part. II), *presque hors de doute que les habitants de Jupiter sont beaucoup plus grands que ceux de la terre ; il faut que ce soient des géants. En effet la prunelle se dilate ou se rétrécit, suivant que la lumière est plus vive ou plus faible. Or la lumière dans Jupiter est, à la même hauteur du soleil, plus faible que sur la terre ; car Jupiter est beaucoup plus éloigné du soleil. Par conséquent, les habitants de cette planète doivent avoir là prunelle plus grande que ceux de la terre. Or l'expérience montre sensiblement que la prunelle est en proportion avec l'œil, et l'œil avec le reste du corps ; en sorte que les animaux, qui ont de plus grandes prunelles, ont de plus grands yeux ; et qu'ayant de plus grands yeux, ils ont le corps plus grand. Les habitants de Jupiter sont donc plus grands que nous. Je ne manque pas même de raisons pour prouver qu'ils sont de la taille d'Og, roi de Bazan, dent le lit, au rapport de Moïse, avait en longueur neuf coudées, et quatre en largeur. Car la distance de Jupiter au soleil est, à la distance de la terre au soleil, comme 26 à 5. La quantité de la lumière solaire dans Jupiter est donc à la quantité de la lumière solaire sur la terre, comme 5 fois 5 à 26 fois 26. Mais l'expérience apprend que la prunelle se dilate à proportion moins que la quantité de la lumière ne diminue ; autrement un objet éloigné et un plus proche pourraient paraître également éclairés ; le premier cependant le paraît beaucoup moins. Il faut donc que la prunelle des habitants de Jupiter, dans le plus grand rétrécissement comme dans la plus grande dilatation, soit moins grande, par rapport à celle des habitants de la terre, que 26 fois 26 ne l'est par rapport à 5 fois 5* (J'ai étendu un peu ici le raisonnement de l'auteur, parce qu'il ne m'a pas paru assez bien développé.) ; *d'où il s'ensuit que le diamètre de la prunelle des habitants de Jupiter sera moins grand, par rapport à celui de la prunelle des habitants de la terre, que 26 ne l'est par rapport à 5, car les grandeurs des prunelles sont comme les carrés des diamètres. Imaginons donc que le rapport des deux diamètres soit celui de 10 à 26, ou de 5 à 13 ; cela posé, la taille des habitants de la terre étant ordinairement de cinq pieds parisiens 7/30, ou de 7615 particules, dont le pied parisien en contient 1440 (Je me trouve de cette grandeur-là.), on verra que la taille ordinaire aux habitants de Jupiter doit être de 19539 particules, ou de 13 pieds 819/1440. Or, suivant M. Eisenschmid, la coudée Hébraïque contient 2389 particules de pied parisien : la longueur du lit du géant dont parle Moïse, est donc de 21456 particules. Retranchons-en un pied, ou 1440 particules, il en reste pour la taille d'Og 20016 ou 13 pieds 1298/1440. On voit combien approche*

Raillerie à part, car je ne sais si l'on me pardonnera ce badinage dans un ouvrage si sérieux, ce n'est qu'avec beaucoup de précaution que les hommes devraient se servir d'expressions métaphoriques. Bientôt on oublie que ce ne sont que des métaphores ; on les prend à la lettre, et on tombe dans des erreurs ridicules.

En général, rien n'est plus équivoque que le langage que nous employons pour parler de nos sensations. Le mot *doux*, par exemple, ne présente rien de précis. Une chose peut être douce en bien des manières ; à la vue, au goût, à l'odorat, à l'ouïe, au toucher, à l'esprit, au cœur, à l'imagination. Dans tous ces cas, c'est un sens si différent, qu'on ne saurait juger de l'un par l'autre. Il en est de même du mot *harmonie* et de beaucoup d'autres.

CHAPITRE V.
Troisième exemple,
De l'origine et des progrès de la divination.

L'esprit du peuple est systématique comme celui du philosophe, mais il n'est pas aussi facile de démêler les principes qui l'égarent. Ses erreurs s'accumulent en si grand nombre, et se tiennent par des analogies quelquefois si fines, qu'il n'est pas lui-même capable de reconnaître son ouvrage dans les systèmes qu'il a formés. L'histoire de la divination en est un exemple bien sensible. Je vais exposer par quelle suite d'idées tant de superstitions ont pu prendre naissance.

Si la vie de l'homme n'avait été qu'une sensation non interrompue de plaisir ou de douleur, heureux dans un cas sans aucune idée de malheur, malheureux dans l'autre sans aucune idée de bonheur, il eût joui de son bonheur ou souffert son malheur, sans regarder autour de lui, pour découvrir si quelque être veillait à sa conservation, ou travaillait à lui nuire. C'est le passage alternatif de l'un à l'autre de ces états, qui l'a fait réfléchir qu'il n'est jamais si malheureux, que sa nature ne lui permette d'être quelquefois heureux ; et qu'aussi il n'est jamais si heureux, qu'il ne puisse devenir malheureux. De là l'espérance de voir la fin des maux qu'il souffre, et la crainte de perdre un bien dont il jouit. Plus il remarque cette alternative, plus il voit qu'il ne dispose pas des causes qui la pro-

---

de cette mesure la taille des habitants de Jupiter, puisqu'elle est de 13 pieds 819/1440.

duisent. Chaque circonstance lui apprend la dépendance où il est de tout ce qui l'environne ; et, quand il saura conduire sa réflexion, pour remonter des effets à leur vrai principe, tout lui indiquera, ou lui démontrera l'existence du premier des êtres.

Parmi les maux auxquels nous sommes exposés, il en est dont la cause se manifeste, et d'autres que nous ne savons à quoi attribuer. Ceux-ci furent une source de conjectures pour ces esprits qui croient interroger la nature, lorsqu'ils ne consultent que leur imagination. Cette manière de satisfaire sa curiosité, encore aujourd'hui si ordinaire, était la seule pour des hommes que l'expérience n'avait point éclairés ; c'était alors le premier effort du génie. Tant que les maux ne furent que particuliers, aucune de ces conjectures ne se répandit assez pour devenir l'opinion générale. Mais sont-ils plus communs ? Est-ce la peste, par exemple, qui ravage la terre ? Ce phénomène fixe l'attention de tout le monde, et les hommes à imagination ne manquent pas de faire adopter les systèmes qu'ils se sont faits. Or à quelle cause des esprits, encore grossiers, pouvaient-ils rapporter les maux dont on était accablé, sinon à des êtres qui se trouvent heureux en faisant le malheur du genre humain ?

Cependant il eût été cruel d'avoir toujours à craindre. Aussi l'espérance ne tarda pas à modifier ce système. Elle fit imaginer des êtres plus favorables, et capables de contrebalancer la puissance des premiers. On se crut donc l'objet de leur amour, comme on se croyait l'objet de la haine des autres.

On multiplia ces deux sortes d'êtres suivant les circonstances. L'air en fut rempli ; ce furent les esprits aériens et les génies de toute espèce. On leur ouvrit les maisons ; ce furent les dieux Pénates. Enfin on les distribua dans les bois, dans les eaux, partout, parce que la crainte et l'espérance accompagnent partout les hommes.

Mais ce n'était pas assez de peupler la terre d'êtres amis ou ennemis. L'influence du soleil, sur tout ce qui existe, était trop sensible pour n'être pas remarquée. Sans doute cet astre fut mis de bonne heure au nombre des astres bienfaisants. On ne tarda pas non plus à supposer de l'influence à la lune ; peu-à-peu on en dispensa à toutes les étoiles qu'on eut occasion d'observer plus particulièrement ; ensuite l'imagination donna à son gré un caractère de bonté ou de malignité à cette influence ; et dès lors les cieux parurent concerter le bonheur ou le malheur du genre humain. Il ne s'y passa plus rien qui ne devînt intéressant ; ou étudia les astres, et on rapporta à leurs différentes positions des effets différents. On ne manqua pas d'attribuer, par exemple, les plus grands événements, les famines, les guerres, la mort des souverains, etc., aux phénomènes les plus rares et les plus extraordinaires, tels que les éclipses et les comètes : l'imagination suppose volontiers un rapport entre ces choses.

Si les hommes avaient pu considérer que tout est lié dans l'univers, et que ce que nous prenons pour l'action d'une seule de ses parties, est le résultat des actions combinées de toutes ensemble, depuis les corps les plus grands jusqu'aux moindres atomes, ils n'auraient jamais songé à regarder une planète ou une constellation comme le principe de ce qui leur arrivait ; ils auraient senti combien il était peu raisonnable de n'avoir égard, dans l'explication d'un événement, qu'à la moindre partie des causes qui y ont contribué. Mais la crainte, premier principe de ce préjugé, ne permet pas de réfléchir : elle montre le danger, elle, le grossit, et on se croit trop heureux, de le pouvoir rapporter à une cause quelconque. C'est une espèce de soulagement aux maux qu'on souffre.

L'influence des astres fut donc reconnue, et il ne fut plus question que de partager entre eux la dispensation des biens et des maux. Voici sur quel fondement on fit ce partage.

Les hommes, familiarisés avec le langage des sons articulés, jugèrent que rien n'avait été plus naturel que de donner aux choses les noms qui leur avaient d'abord été donnés. Ils pensaient ainsi, parce que ces noms leur paraissaient naturels : ils n'avaient pas d'autre raison, et c'est ce qui les égara : d'ailleurs il n'est pas douteux que cette opinion n'ait un fondement. En effet, il est certain que, lorsqu'on a voulu nommer les choses, on a été forcé, pour se faire entendre, de choisir les mots qui avaient le plus d'analogie, soit avec les idées qu'on se faisait, soit avec le langage d'action qui présidait à la formation des langues. [1] Mais on s'imagina que ces noms retraçaient ce que les objets sont en eux-mêmes, et en conséquence on jugea que les dieux seuls avaient pu les enseigner aux hommes. Les philosophes, de leur côté, trop prévenus ou trop vains pour

---

1 Grammaire, part. Ire.

soupçonner les bornes de l'esprit humain, ne doutaient pas que les premiers inventeurs des langues n'eussent connu la nature des êtres. L'étude des noms devait donc paraître un moyen très propre à découvrir l'essence des choses ; et, ce qui confirma dans cette opinion, c'est que parmi les dénominations, on en voyait plusieurs qui indiquaient encore sensiblement les propriétés ou le caractère des objets. Ce préjugé étant généralement répandu, il n'était pas difficile de déterminer l'influence qu'on pouvait attribuer à chaque planète.

Des hommes qui s'étaient rendus célèbres, avaient été mis au rang des dieux, et on leur avait conservé, après leur apothéose, le même caractère qu'ils avaient eu sur la terre. Soit que, de leur vivant, on eût par flatterie donné leurs noms à des astres, soit qu'on ne l'eût fait qu'après leur mort, et pour marquer le lieu destiné à les recevoir, les mêmes noms furent communs aux divinités et aux étoiles.

Il ne fallait donc plus que consulter le caractère de chaque dieu pour deviner l'influence de chaque planète. Ainsi Jupiter signifia les dignités, les grands soins, la justice, etc. ; Mars, la force, le courage, la vengeance, la témérité, etc. ; Vénus, la beauté, les grâces, la volupté, l'amour du plaisir, etc. : en un mot, on jugea de chaque planète par l'idée qu'on s'était formée du dieu dont elle portait le nom. Quant aux signes, ils durent leur vertu aux animaux, d'après lesquels ils avaient été nommés.

On ne s'arrêta pas là. Une vertu étant une fois attribuée aux astres, il n'y avait plus de raison pour borner leur influence. Si cette planète produit tel effet, pourquoi ne produira-t-elle pas cet autre, qui a quelque rapport avec le premier ? L'imagination des astrologues passant, de la sorte, d'une analogie à l'autre, il n'est plus possible de découvrir les différentes liaisons d'idées dont se sont formés leurs systèmes. Il faudra enfin que la même planète produise des effets tout différents, et que les planètes les plus contraires en produisent de tout-à-fait semblables. Ainsi tout sera confondu par la même manière de raisonner, qui avait d'abord départi à chaque astre une vertu particulière.

On ne pouvait pas accorder indifféremment de l'influence à toutes les parties des cieux. Il était naturel de croire que celles où l'on ne remarquait point de variation, n'influent pas, ou que, si elles influent, elles tendent à conserver toujours les choses dans le même état. C'est pourquoi les astrologues, bornant tout aux révolutions du zodiaque, n'ont communément attribué de l'influence qu'aux douze signes et aux planètes qui les parcourent.

Chaque planète ayant dans ce système une vertu qui lui est propre, il était naturel d'inférer qu'elles tempèrent mutuellement leur action, suivant le lieu du ciel qu'elles occupent, et les rapports où elles se trouvent

De là on eût dû conclure que la vertu d'une planète change à chaque instant ; mais il n'eût plus été possible de déterminer cette vertu, et l'astrologie fût devenue impraticable.

Ce n'était pas le compte des astrologues qui avaient intérêt à abuser de la simplicité des peuples, ni même de ceux qui, agissant de bonne foi, étaient les premiers trompés. On établit donc que, pour juger de l'influence des planètes, il n'était pas nécessaire de les observer dans tous les points du zodiaque ; et on se borna aux douze lieux principaux qui avaient été partagés entre les signes.

Une autre difficulté fut levée de la même manière. Ce n'était pas assez d'avoir déterminé la constellation où l'on doit observer chaque astre ; il fallait encore décider si l'on doit avoir égard au lieu que nous occupons sur la terre. Sur quel fondement aurait-on supposé qu'une planète produit de semblables effets sur un Chinois et sur un Français, puisque la direction de ses rayons n'est pas la même pour l'un et pour l'autre ? Mais tant d'exactitude eût rendu les calculs trop embarrassants. Dans la distance où la terre est des cieux, on la considéra comme un point, et il fut arrêté que la différente direction des rayons est si peu de chose, qu'on doit la compter pour rien.

Mais, ce qui pouvait surtout embarrasser les astrologues, c'est que dans leur système, les astres devraient influer sur un animal à chaque instant, c'est-à-dire, depuis celui où il est conçu, jusqu'à celui où il cesse de vivre : ils ne voyaient pas de raisons pour suspendre cette action, jusqu'à un certain temps marqué après la conception, ni pour l'arrêter entièrement avant le moment de la mort.

Or les planètes, passant alternativement d'un état où elles exercent toute leur puissance, à un état où elles ne peuvent rien, auraient donc détruit successivement l'ouvrage l'une de l'autre ; nous au-rions éprouvé toutes les vicissitudes que ce combat n'eût pas man-qué de produire, et la suite des évènements eût été à-peu-près la même pour chaque homme. S'il y eût eu quelque différence, ce n'eût été qu'autant que les astres dont on aurait d'abord éprouvé l'influence, eussent fait des impressions si profondes, qu'elles n'au-raient jamais pu être entièrement effacées. Alors, pour déterminer cette différence, il eût fallu s'assurer du moment de la conception ; il eût même fallu remonter plus haut : car, pourquoi n'eût-on pas dit que l'action des astres préparait le germe longtemps avant que l'animal fût conçu ?

On ne devine pas comment les astrologues auraient surmonté ces difficultés, si un préjugé ne fût venu à leur secours. Heureusement pour eux, on a de tout temps été persuadé que nous ne sommes dans le cours de la vie, que ce que nous sommes nés. En consé-quence, ils établirent pour principe, qu'il suffisait d'observer les astres par rapport au moment de la naissance. On sent combien cette maxime les mit à leur aise.

Cependant il était encore bien difficile de connaître exactement le moment de la naissance d'un homme. L'astronome le plus exact l'eût-il observé ? on ne pouvait pas s'assurer qu'il n'y eût quelque erreur. Or une erreur d'une minute, d'une seconde, ou de quelque chose de moins, suffit pour que l'influence ne soit pas la même. Mais les astrologues n'avaient garde de rechercher une précision qui aurait rendu leur art impraticable ; et ceux qui les consultaient, curieux qu'on leur dît l'avenir, étaient contents, pourvu qu'on leur prédît quelque chose. On se bornait donc ordinairement au jour et à l'heure de la naissance, comme si les évènements devaient être les mêmes pour tous ceux qui sont nés le même jour et à la même heure. Si quelques-uns paraissent se piquer de plus d'exactitude, c'est pour accréditer leur charlatanerie.

A mesure que ce système d'astrologie se formait, on faisait des prédictions. Dans le grand nombre, quelques-unes furent confir-mées par l'événement, on s'en prévalut ; les autres ne portèrent point coup à l'astrologie. On rejetait tout sur les astrologues, qu'on supposait ignorants ; ou, s'ils passaient pour habiles, on les excu-sait en attribuant à quelque méprise de calcul ce qui provenait du vice même de l'art ; plus souvent encore, on n'y faisait point d'attention. Quand une fois les hommes se livrent à la superstition, ils ne font plus de pas que pour aller d'égarements en égarements. Sur mille observations, neuf cent quatre-vingt-dix-neuf pourraient les tirer d'erreur ; ils n'en font qu'une, et c'est celle qui les y retient.

Il y a un artifice qui a souvent réussi aux astrologues, c'est de rendre leurs oracles d'une manière obscure et équivoque, et de laisser à l'événement le soin de les éclaircir. Mais ils n'ont pas besoin toujours de tant d'adresse ; et quelquefois ils n'attendent l'accomplissement de leurs prophéties, que de l'imagination de ceux qui en sont l'objet. Celles qui menacent de quelques malheurs, s'accomplissent plus communément que les autres, parce que la crainte a bien plus d'empire sur nous que l'espérance. Les exemples en sont communs. Il y a donc du danger à faire tirer son horoscope, quand on croit à l'astrologie. J'ajoute qu'il y a même de l'imprudence quand on n'y croit pas. Si on me prédit des choses désagréables, qui aient quelque liaison avec les différentes circonstances où me fait naturellement passer le genre de vie que j'ai embrassé, chacune de ces circonstances me les rappellera malgré moi. Ces images tristes me troubleront plus ou moins, à proportion de la vivacité avec laquelle elles se retraceront. L'impression sera grande, surtout si dans l'enfance j'ai cru à l'astrologie : car, l'imagination conservera sur moi, devenu raisonnable, l'empire qu'elle avait quand je ne l'étais pas. En vain, me dirai-je, il y a de la folie à m'inquiéter : assez philosophe pour connaître combien mon inquiétude est peu fondée, je ne le serai point assez pour la dissiper.

J'ai lu quelque part qu'un jeune homme destiné par sa naissance et par ses talents à avoir part au gouvernement de la république, commençait à y jouir de quelque considération. Par complaisance, il accompagna deux ou trois de ses amis chez une devineresse. On le pressait de se faire, à son tour, tirer sort horoscope ; mais inutilement. Aussi convaincu qu'on peut l'être, de la futilité de cet art, il ne répondit que par des railleries sur la sibylle. *Plaisantez, plaisantez*, répliqua cette femme piquée, *mais je vous apprends, moi, que vous perdrez la tête sur un échafaud*. Le jeune homme ne s'aperçut pas que dans le moment ce propos fît la moindre impression sur lui ; il en rit, et se retira sans trouble. Cependant son imagination avait été frappée, et il fut fort étonné qu'à toute occasion la menace de la devineresse se retraçât à lui, et le tourmentât, comme s'il y

CHAPITRE V

eût ajouté foi. Il combattit longtemps cette folie ; mais le moindre mouvement de la république la réveillait, et rendait tous ses efforts inutiles. Enfin il n'y trouva d'autre remède, que de renoncer aux affaires, et de s'exiler de sa patrie pour aller vivre dans un gouvernement plus tranquille.

On pourrait conclure de là que la philosophie consiste plus à nous méfier assez de nous-mêmes, pour éviter toutes les occasions où notre esprit peut être frappé, qu'à nous flatter que nous serons toujours les maîtres d'écarter les inquiétudes dont l'imagination peut être cause.

A peine les astrologues purent-ils citer quelques prédictions, justifiées par l'événement, qu'ils se vantèrent qu'une longue suite d'observations déposait en leur faveur.

Je ne m'arrêterai pas à détruire une pareille prétention ; sa fausseté est manifeste. On ne peut disconvenir que l'exactitude des observations astrologiques ne dépende des connaissances acquises en astronomie. Les progrès que les modernes ont faits dans cette dernière science, montrent donc sensiblement pendant combien de siècles les astrologues ont été dans l'ignorance de bien des choses nécessaires à leur art.

Cependant on n'a pas hésité à faire des systèmes. Les Chaldéens et les Égyptiens avaient chacun leurs principes : les Grecs, qui reçurent d'eux cet art ridicule, y firent des changements, comme ils en ont fait à tout ce qu'ils ont emprunté des étrangers : les Arabes, à leur tour, traitèrent l'astrologie des Grecs avec la même liberté, et transmirent aux modernes des systèmes auxquels chacun ajoute et retranche comme il lui plaît. Les astrologues ne conviennent plus que sur un point, c'est qu'il y a un art pour connaître l'avenir par l'inspection des astres. Quant aux lois qu'on doit suivre, chacun en prescrit qui lui sont particulières, et condamne celles des autres.

Le peuple cependant, qui ne voyait pas combien il régnait peu d'intelligence parmi eux, croyait que toutes les fables qu'on lui débitait, étaient autant de vérités qu'une longue expérience avait confirmées. Il ne doutait point, par exemple, que les planètes ne se fussent partagé les jours, les nuits, les heures, les pays, les plantes, les arbres, les minéraux, et qu'enfin, chaque chose étant sous la domination de quelque astre, le ciel ne fût un livre, où l'on pouvait lire ce qui devait arriver aux empires, aux royaumes, aux provinces, aux villes et aux particuliers. On peut voir dans les ouvrages d'astrologie, que ce partage n'a d'autre fondement, que quelque rapport imaginaire entre le caractère qu'on a donné aux astres et les choses qu'on a voulu mettre sous la protection de chacun d'eux.

C'était beaucoup que d'avoir pourvu de la sorte au gouvernement du monde : mais il restait encore un inconvénient, grand, sans doute, aux yeux des astrologues, c'est que les astres bienfaisants trouvaient quelquefois des obstacles à nous faire éprouver l'effet de leur influence. On songea à y remédier ; et, comme on croyait que les astres étaient des dieux, ou qu'au moins ils étaient animés par des intelligences auxquelles le soin de notre monde était confié, on imagina qu'il n'y avait qu'à appeler à nous, et qu'à faire descendre ces esprits sur la terre : c'est ce qu'on nomma *évocation*.

On fit donc réflexion que les astres se plaisaient davantage dans les lieux d'où ils exerçaient une plus grande puissance, et qu'ils avaient une inclination particulière pour les objets qui étaient sous leur protection. En conséquence, on les invoqua au nom de ces choses ; et, pour prier avec plus d'espérance, on se saisit d'une baguette, avec laquelle on traça les figures de ces objets autour de soi, dans l'air, sur la terre et sur les murs. Telle est, je pense, la première origine de la magie. Cette superstition ayant vraisemblablement pris naissance dans un temps où le langage d'action était très familier, il a été naturel qu'on attachât à certains mouvements toute la vertu magique.

On fit plus : on considéra que, s'il était important de pouvoir évoquer ces êtres, il l'était encore plus d'avoir toujours sur soi quelque chose qui nous assurât continuellement de leur protection. On raisonna sur les mêmes principes qu'on avait eus jusqu'alors, et on conclut qu'il suffisait de graver les mêmes figures qu'on avait coutume de tracer pour les évoquer, et les prières qu'on prononçait. On ne douta point que cet artifice ne réussît, pourvu qu'on eût la précaution de choisir la pierre et le métal sympathiques à la planète dont on voulait avoir le secours, de les graver, le jour et l'heure qui lui sont consacrés, et de prendre surtout le moment qu'elle est dans l'endroit du ciel où elle jouit de toute sa puissance. Tel est l'origine des abraxas et des talismans.

Une autre cause contribua encore beaucoup à entretenir et à répandre de plus en plus ces préjugés.

L'établissement des lettres alphabétiques ayant entièrement fait oublier la signification des hiéroglyphes, il fut aisé aux prêtres de faire passer aux yeux du peuple ces caractères pour des choses sacrées, qui cachaient les plus grands mystères. Ils leur attribuèrent donc telle vertu qu'il leur plut, et on eut d'autant moins d'éloignement à les croire, qu'on ne doutait point que les dieux ne fussent les auteurs de la science hiéroglyphique, c'est-à-dire, d'une science qui devait tout renfermer, par cette seule raison qu'on ne savait pas ce qu'elle renfermait. Par là, tous les caractères hiéroglyphiques passèrent peu-à-peu dans la magie, et ce système n'en devint que plus fécond,

De cette magie, réunie avec la science mystérieuse des hiéroglyphes, naquirent d'autres superstitions.

Les hiéroglyphes renfermaient des traits de toute espèce : il n'y eut donc plus de ligne qui ne devînt un signe. Ainsi les magiciens, au lieu de consulter le ciel, n'eurent plus qu'à observer la main des personnes qui s'adressaient à eux ; et ils purent leur promettre une bonne ou une mauvaise fortune, suivant le caractère des lignes qui y étaient tracées. Mais, parce que leurs principes ne permettaient pas qu'il arrivât rien sans l'influence des astres, chaque ligne fut consacrée à quelqu'une des planètes. C'en fut assez pour lui attribuer les mêmes présages, et cet art n'en devint que plus facile à pratiquer. On lui donna le nom de *chiromancie*.

D'un côté, dans l'écriture hiéroglyphique, le soleil, la lune et les étoiles servaient à représenter les états, les empires, les rois, les grands ; l'éclipse et l'extinction de ces luminaires, marquaient des désastres temporels ; le feu et l'inondation signifiaient une désolation produite par la guerre ou par la famine ; un serpent indiquait quelque maladie ; une vipère, de l'argent ; des grenouilles, des imposteurs ; des perdrix, des personnes impies ; une hirondelle, des afflictions, mort : en un mot, il n'y avait point d'objet connu, qui ne servît de pronostic.

D'un autre côté, l'imagination des hommes n'agit jamais, dans le sommeil, que pour faire différentes combinaisons des choses qui leur sont connues. Elle ne peut donc leur retracer que les mêmes objets qui étaient employés dans l'écriture hiéroglyphique. Cependant, on ne pouvait pas encore soupçonner que les songes fussent l'ouvrage de l'imagination. Quand il n'était question que des mouvements que nous faisons avec connaissance et réflexion, on disait, *ils sont les effets de notre volonté*, et on croyait avoir tout expliqué. Mais les mouvements involontaires paraissaient se passer en nous sans nous : à qui, par conséquent, les attribuer, si ce n'est à un Dieu ? Voilà donc les dieux également auteurs des hiéroglyphes et des songes ; et on ne put pas douter qu'ils ne voulussent, pendant le sommeil, nous faire connaître leur volonté, lorsqu'ils tenaient avec nous le même langage qu'ils avaient établi pour l'écriture. Telle est l'origine de *l'onéirocritie*, ou de l'interprétation des songes [1].

Ce préjugé reçu, que les dieux sont le principe de tous les mouvements involontaires, on voit combien les hommes trouvèrent en eux de motifs de crainte et d'espérance. Un geste, fait sans dessein, un pied avancé, par mégarde, avant l'autre, un éternuement, tout devint pour eux d'un bon ou d'un mauvais présage [2].

Parmi les figures hiéroglyphiques, il y avait des oiseaux qui dirigeaient leur vol vers différentes parties du monde, où qui paraissaient chanter. Dans lès commencements, c'était-là une écriture dont on se servait pour signifier des choses toutes naturelles, telles que les changements de saison, les vents, etc. Mais, quand les hiéroglyphes furent devenus des choses sacrées, on crut qu'il y avait du mystère ; et c'est vraisemblablement d'après ce préjugé que les augures imaginèrent de découvrir l'avenir par le vol et par le chant des oiseaux.

Les dieux, toujours occupés à éclairer les hommes sur l'avenir, devaient l'être encore plus particulièrement dans les temps des sacrifices : il était même naturel de penser qu'ils frappaient la victime, et imprimaient, jusque dans son sein, des marques de colère ou de faveur. Il ne put donc pas être indifférent d'observer les circonstances des sacrifices, et surtout de fouiller dans les entrailles des animaux qu'on avait immolés. Tels furent les fondements de l'art

---

1 M. Warburthon donne à cet art la même origine. *Essai sur les hiéroglyphes*, § 43.
2 C'est peut-être de là que vient l'usage de saluer ceux qui éternuent. On aura voulu leur montrer la part qu'on prenait à un bon augure, ou prier les dieux d'éloigner les maux dont un mauvais les menaçait. C'est une explication que j'ai vue quelque part.

CHAPITRE V

des aruspices.

Quoiqu'on ne révoquât en doute aucune de ces manières de connaître l'avenir, on était trop curieux pour n'en pas sentir souvent l'insuffisance. On souhaita quelque chose de plus précis, et on fut favorisé par des circonstances qui donnèrent lieu à des oracles. Quelques paroles, échappées sans dessein à celui qui présidait aux sacrifices, se trouvèrent par hasard avoir rapport au motif qui faisait implorer les dieux ; on les prit pour une inspiration. Ce succès donna occasion à plus d'une distraction de cette espèce ; et, parce que moins on paraissait maître de ses mouvements, plus ils semblaient venir d'un dieu, on crut souvent ne devoir rendre des oracles qu'après être entré en fureur. C'est pourquoi on ne manqua pas de bâtir des temples dans les lieux où les exhalaisons de la terre avaient la propriété d'aliéner l'esprit. Ailleurs, on employa d'autres moyens pour inspirer la fureur ; enfin, le peuple, devenu de plus en plus superstitieux, ne demanda pas qu'on prît tant de précautions ; et les prophéties faites de sang-froid devinrent fort ordinaires [1].

Il ne manquait plus que de faire mouvoir et parler les statues des dieux. En cela, la fourberie des prêtres contenta la superstition des peuples. Les statues rendirent des oracles [2].

---

1 Les oracles ont pu devoir leur naissance à différentes causes, suivant les divers pays. Voici à ce sujet une conjecture également naturelle et philosophique. « Il y avait, sur le Parnasse, un trou, d'où il sortait une exhalaison qui faisait danser les chèvres, et qui montait à la tête. Peut-être quelqu'un qui en fut entêté, se mit à parler sans savoir ce qu'il disait, et dit quelque vérité. Aussitôt il faut qu'il y ait quelque chose de divin dans cette exhalaison, elle contient la science de l'avenir ; on commence à ne plus approcher de ce trou qu'avec respect, les cérémonies se formant peu-à-peu. Ainsi naquit apparemment l'oracle de Delphes ; et, comme il devait son origine à une exhalaison qui entêtait, il fallait absolument que la Pythie entrât en fureur pour prophétiser. Dans la plupart des autres oracles, la fureur n'était pas nécessaire. Qu'il y en ait une fois un d'établi, vous jugez bien qu'il va s'en établir mille. Si les dieux parlent bien là, pourquoi ne parleraient-ils point ici. Les peuples, frappés du merveilleux de la chose, et avides de l'utilité qu'ils en espèrent, ne demandent qu'à voir naître des oracles en tous lieux, et puis l'ancienneté survint à tous ces oracles, qui leur fait tous les biens du monde. » *Histoire des Oracles, dissertation 1, chap. 11.* Je ne touche que légèrement à cette partie de la divination, parce que M. de Fontenelle a parfaitement démêlé tout ce qui la concerne.
2 La chose s'explique encore en disant que les démons rendaient eux-mêmes des oracles : mais cette cause est surnaturelle, et c'est aux théologiens qu'il appartient plus particulièrement de la développer. Le philosophe se borne aux causes naturelles ; mais, pour passer les autres sous silence, il ne les rejette pas.

L'imagination va vite quand elle s'égare, parce que rien n'est si fécond qu'un faux principe. Il y a des dieux partout ; ils disposent de tout : donc, il n'y a rien qui ne puisse servir à faire connaître le destin qui nous attend. Par ce raisonnement, les choses les plus communes, comme les plus rares, tout devint, suivant les circonstances, d'un bon ou d'un mauvais augure. Les objets qui inspiraient de la vénération, ayant, par là quelque liaison avec l'idée qu'on a de la divinité, parurent surtout les plus propres à satisfaire la curiosité des hommes. C'est ainsi, par exemple, que le respect pour Homère, fit croire qu'on trouverait des prophéties dans ses ouvrages.

Les opinions des philosophes contribuèrent à entretenir une partie de ces préjugés. Notre âme, selon eux, n'était qu'une portion de l'âme du monde. Enveloppée dans la matière, elle ne participait plus à la divinité de cette substance, dont elle avait été séparée. Mais, dans les songes, dans la fureur, et dans tous les mouvements faits sans réflexion, son commerce avec son corps était interrompu : elle rentrait pour lors dans le sein de la divinité, et l'avenir se manifestait à elle.

Les magiciens surent encore se prévaloir des connaissances que la médecine leur procura. Ils profitèrent de la superstition qui attribue toujours à des causes surnaturelles les choses dont l'ignorance ne permet pas de rendre raison.

Enfin la politique favorisa la divination des prêtres ; car ou n'entreprenait rien de considérable sans consulter les augures, les aruspices ou les oracles.

C'est ainsi que tout a concouru à nourrir ces erreurs grossières. Elles ont été si générales que les lumières de la religion n'ont pas empêché qu'elles ne se répandissent, du moins en partie, chez les Juifs et chez les Chrétiens. On a vu parmi eux des hommes se servir, pour invoquer le diable et les morts, de cérémonies à-peu-près semblables à celles des païens, pour l'évocation des astres et des démons : on en a vu chercher dans l'écriture sainte des découvertes de physique, et tout ce qui pouvait satisfaire leur curiosité ou leur cupidité.

Tel est le système de la divination des astrologues, des magiciens, des interprètes de songes, des augures, des aruspices, etc. Si l'on pouvait suivre tous ceux qui ont écrit pour établir ces extravagances, on les verrait tous partir du même point, et s'en écarter, suivant que chacun est guidé par son imagination. On les verrait même s'en éloigner si fort, et par des routes si bizarres, qu'on aurait bien de la peine à reconnaître ce qui a été la première occasion de leurs égarements. Mais, c'en est assez pour faire voir combien il était naturel que les peuples adoptassent ces préjugés, et combien cependant il était ridicule d'y croire.

CHAPITRE VI.
Quatrième exemple,
De l'origine et des suites du préjugé
des idées innées.

Je ne sais à qui, du peuple ou des philosophes, appartient davantage le système des idées innées : mais je ne puis douter qu'il n'ait mis de grands obstacles aux progrès de l'art de raisonner. On reconnaîtra si j'ai raison, pour peu qu'on observe l'origine et les suites de ce préjugé.

ARTICLE PREMIER.
De l'origine du préjugé des idées innées.

A la naissance de la philosophie, plus on était impatient d'acquérir des connaissances, moins on observait : l'observation paraissait trop lente, et les meilleurs esprits se flattèrent de pouvoir deviner la nature. Cependant ils ne pouvaient partir que des connaissances grossières qu'ils partageaient avec le reste des hommes : c'était là, pour parler le langage des géomètres, toutes leurs données ; il ne leur restait à se distinguer que par l'adresse à les employer. Ils n'y regardaient pas de près, et ils se contentaient des notions les moins exactes. L'expérience n'avait point encore appris le danger qu'il y a à mal commencer ; à peine même en est-on instruit de nos jours. Les philosophes voulaient-ils expliquer une chose ? ils cherchaient quels rapports elle pouvait avoir avec les notions communes ; ils faisaient une comparaison, se saisissaient d'une expression métaphorique, et bâtissaient des systèmes. Ils remarquèrent, par exemple, que les objets se peignent dans les eaux, et ils imaginèrent l'âme comme une surface polie, où sont tracées les images de toutes les choses que nous sommes capables de connaître.

Les images qu'une glace réfléchit, représentent exactement les objets ; il n'en fallut pas davantage pour croire que celles qui sont dans notre esprit ne fussent également conformes aux choses extérieures. On en conclut qu'on pouvait en toute sûreté juger des objets sur la manière dont elles les représentent. On donne à ces images les noms d'*idées*, de *notions*, d'*archétypes*, et plusieurs autres, propres à se faire illusion à soi-même, et faire croire qu'on avait sur ce sujet des connaissances supérieures. Enfin, on les regarda comme des réalités, qui expriment, pour ainsi dire, les êtres extérieurs. Comment, en effet, aurait-on balancé là-dessus ? N'était-on pas fondé en principes ? Les idées éclairent l'esprit, elles ont plus ou moins d'étendue, on les peut comparer les unes aux autres, les considérer par différents côtés, trouver entre elles des rapports de toute espèce. Or le néant peut-il avoir tant de propriétés [1] ? Que de motifs pour réaliser jusqu'aux notions les plus abstraites ! Mais, d'où peut provenir un grand nombre d'idées dont l'âme jouit ? Pour s'apercevoir qu'elles viennent des sens ; il aurait fallu remonter jusqu'à leur origine, en développer la génération, et saisir par quelles transformations les idées les plus sensibles deviennent en quelque sorte spirituelles. Mais cela demandait une pénétration et une sagacité dont on ne pouvait encore être capable. Combien même aujourd'hui de philosophes qui ne peuvent comprendre cette vérité ! D'ailleurs, il y a des idées abstraites qui paraissent si éloignées de leur origine, qu'il n'était pas possible de conjecturer alors ce qu'on a démontré de nos jours. Enfin, les idées, suivant la supposition reçue, étant des réalités, comment les sens auraient-ils contribué à augmenter l'être de l'âme ? On dit donc, comme plusieurs s'obstinent encore à le dire, que les idées sont innées, et on les regarda comme des réalités qui font partie de chaque substance spirituelle. En effet, ne pouvant expliquer comment elles auraient été acquises, il était naturel de juger que nous les avons toujours eues. On ne pouvait pas balancer, surtout lorsqu'on faisait attention à ces idées, qui, ayant été connues avant l'âge de raison, n'ont pas permis de remarquer le temps où on les a eues pour la première fois.

---

1 C'est la manière dont à ce sujet raisonnent les Cartésiens mêmes.

CHAPITRE VI

Les images qui se peignent dans les eaux, ne paraissent que quand les objets sont présents ; et elles ne peuvent être, pour notre imagination, le modèle de ces idées qu'on suppose nées avec notre âme, et s'y conserver indépendamment de l'action des objets. Il fallut donc avoir recours à une nouvelle comparaison. (Les comparaisons sont, pour bien des philosophes, d'une grande ressource.) On se représenta l'âme comme une pierre sur laquelle ont été gravées différentes figures, et on crut s'expliquer clairement en parlant d'idées ou d'images gravées imprimées, empreintes dans l'âme. Parce que l'air et le temps altèrent les meilleures gravures, on s'imagina que les passions et les préjugés altèrent aussi nos idées. Cependant, quoiqu'il y ait des gravures assez peu profondes, ou faites sur des pierres si tendres, que le temps les efface entièrement, il semble qu'on n'ait pas voulu pousser jusques-là la comparaison, et qu'on ait pensé que nos idées n'étaient pas empreintes assez superficiellement, ou que nos âmes n'étaient pas assez molles pour que les impressions que Dieu a faites en elles pussent entièrement s'effacer.

Pour apercevoir combien une opinion est peu raisonnable, il n'est pas toujours nécessaire d'entrer dans de grands détails ; il suffirait d'observer comment on y a été conduit. On verrait qu'à peu de frais on passe pour philosophe, puisque c'est souvent assez d'avoir imaginé une ressemblance telle quelle, entre les choses spirituelles et corporelles ; et, si l'on considérait que les peuples ne parlent qu'en supposant cette ressemblance, on découvrirait dans les préjugés les plus populaires, le fondement de bien des systèmes philosophiques.

Lorsque nous parlons de l'âme, de ses idées, de ses pensées, et de tout ce qu'elle éprouve, nous n'avons, et nous ne pouvons avoir qu'un langage figuré. J'ai fait voir ailleurs comment les opérations de l'âme ont été nommées, d'après les noms mêmes donnés aux opérations des sens. [1] Or les philosophes ont été trompés par ce langage, comme le peuple ; et c'est pourquoi ils ont cru expliquer tout avec des mots.

Les idées innées étant rétablies sur de pareils fondements, il ne fut plus question que d'en déterminer le nombre.

Quelques-uns n'ont pas fait difficulté d'eu admettre une infinité,

1 Gram. part, Ire.

et de dire que nous n'avons point d'idées qui ne soient nées avec nous, ne concevant pas comment on pourrait, sans cela, apercevoir chaque objet particulier. Mais ceux dont la vue porte trop loin, pour être arrêtée par un si petit obstacle, ont trouvé un heureux dénouement dans les systèmes à la mode. Ayant fait réflexion que tout y dépend de certains principes féconds, ils ont dit qu'il n'y avait d'inné que ces principes ; que c'est dans les notions générales que nous voyons les vérités particulières, et que le fini même ne nous est connu que par l'idée de l'infini.

Mais qu'est-ce que ces notions générales, qui seraient seules imprimées dans nos âmes ? Que les philosophes s'adressent à un graveur, et qu'ils le prient de graver un homme en général. Ce ne serait pas demander l'impossible, puisqu'il y a, selon eux, une si grande conformité entre nos idées et les images empreintes sur le corps, puisqu'ils conçoivent si bien comment l'image d'un homme en général est imprimée en nous. Que ne lui disent-ils que, s'il ne sait pas graver un homme en général, il ne gravera jamais un homme en particulier, parce que celui-ci ne lui est connu que par l'idée qu'il a de celui-là. Si, malgré l'évidence de ce raisonnement, le graveur avoue son incapacité, ils seront sans doute en droit de le traiter comme un homme qui ignore jusqu'aux premiers principes des choses, et de conclure qu'on ne saurait être bon graveur sans être bon philosophe.

Mais faisons tous nos efforts pour découvrir dans leur langage les connaissances qu'ils croient avoir ; nous ne verrons avec eux que des images gravées, imprimées, empreintes, des images qui s'altèrent, qui s'effacent : expressions qui offrent un sens clair et précis quand on parle des corps, mais qui, appliquées à l'âme et à ses idées, ne sont que des métaphores, des termes sans exactitude, où l'esprit se perd en vaines imaginations.

Locke a fait au sentiment des idées innées bien de l'honneur par le nombre et la solidité des réflexions qu'il lui a opposées. Il n'en fallait pas tant pour détruire un fantôme aussi vain [1]. Si j'imaginais

---

1 Locke a employé tout le premier livre de son Essai sur l'entendement humain à combattre cette opinion. Ses raisons, pour la plupart, me paraissent bonnes ; mais il me semble qu'il ne prend pas la voie la plus courte pour dissiper cette erreur. Pour moi, j'ai cru devoir me borner à en montrer l'origine. Si j'avais voulu l'attaquer avec d'autres armes, je n'aurais presque pu les prendre que dans Locke ; j'aime mieux renvoyer le lecteur à ce philosophe.

CHAPITRE VI

un système dans la vue de prouver qu'il y a au monde des êtres dont je ne saurais rendre raison, il serait bien plus naturel de me conseiller de me faire des idées des choses que je veux soutenir, que de me réfuter sérieusement. Voilà précisément où l'on en est par rapport à tous les systèmes abstraits ; on les réfute mieux avec quelques questions, que par de longs raisonnements. Demandez à un philosophe ce qu'il entend par tel ou tel principe ; si vous le pressez, vous découvrirez bientôt l'endroit faible ; vous verrez que son système ne roule que sur des métaphores ; des comparaisons éloignées ; et, pour lors, il vous sera tout aussi aisé de le renverser que de l'attaquer.

ARTICLE SECOND.
Des suites du préjugé des idées innées.

Si quelques philosophes ont disputé à des idées particulières le privilège d'être innées, c'est qu'il est aisé de remarquer par quel sens elles se transmettent jusqu'à l'âme. La difficulté de faire la même observation sur les notions abstraites, a empêché d'en porter le même jugement. A chaque terme abstrait qu'on a imaginé, il n'y a eu personne qui n'ait cru qu'on avait fait la découverte d'une nouvelle idée innée, c'est-à-dire, d'une idée, qui, ayant été gravée en nous, par un être qui ne peut tromper, est claire, distincte et tout-à-fait conforme à l'essence des choses. Imbus de ce préjugé, plus les philosophes ont cherché la connaissance de la nature dans des idées éloignées des sens, plus ils se sont flattés que le succès répondrait à leurs soins. Ils ont multiplié à l'infini les définitions vagues, les principes abstraits ; et, grâce aux termes d'*être*, *substance*, *essence*, *propriété*, etc., ils n'ont rien rencontré, dont ils n'aient cru rendre raison.

Ce qui les a encore fait tomber davantage dans l'abus des termes abstraits, c'est le succès avec lequel on s'en sert en géométrie. Comme ce langage suffit pour déterminer l'essence des grandeurs abstraites, ils ont cru qu'il suffisait aussi pour déterminer celles des substances. Ma conjecture est d'autant plus vraisemblable, que lorsqu'ils veulent expliquer leurs essences, embarrassés d'en tirer des exemples de la métaphysique, ils les empruntent de la géométrie. Mais je leur conseille de rapprocher leurs idées de celles que se font les géomètres ; cette seule comparaison leur fera voir qu'ils sont aussi loin de connaître l'essence des substances, qu'on est à portée de connaître celle des figures.

L'entêtement où ils sont pour leur méthode les empêche de suivre ce conseil, et les embarrasse dans un langage où ils ne l'entendent pas eux-mêmes. Cela est au point qu'ils parlent d'idées, et ne savent ce que c'est ; d'évidence, ils n'ont point de signes pour la reconnaître ; de règles, de principes, ils ignorent où ils doivent les prendre. Ce sont trois inconvénients où ils ne pouvaient manquer de tomber. En voici la preuve.

Dans le système que toutes nos connaissances viennent des sens, rien n'est plus aise que de se faire une notion exacte des idées : car les sensations sont des idées sensibles, si nous les considérons dans les objets auxquels nous les rapportons, et, si nous les considérons séparément des objets, elles sont des idées abstraites [1]. C'est ainsi qu'en partant de ce que l'on sent, on part de quelque chose de déterminé. La même précision pourra donc se communiquer à toutes les notions dont on voudra faire l'analyse. Mais, dans le système des idées innées, on ne peut commencer que par quelque chose de vague. Par conséquent, il ne sera pas possible de déterminer exactement ce qu'il faut entendre par idée. Aussi un Cartésien célèbre a-t-il pris le parti de dire que ce mot est du nombre de ceux qui sont si clairs, qu'on ne peut les expliquer par d'autres [2] ; et, comme s'il eût voulu aussitôt prouver, par son exemple, qu'il n'en est point qui en puisse développer le sens, il ajoute une explication tout au moins inintelligible [3]. Descartes fait bien des efforts ; mais rien n'est plus embarrassé, ni quelquefois plus absurde que ce qu'il imagine. Pour Malebranche, on sait quelles ont été à ce sujet les visions qu'il s'est faites.

Quant à l'évidence, puisqu'elle est fondée sur les idées, on voit

---

1 Voyez les leçons préliminaires du cours d'études.
2 Logique de Port-Royal.
3 « Je ne donne pas ce nom, dit-il (*part.* 3.), à des images peintes en la fantaisie, mais à tout ce qui est dans notre esprit, lorsque nous pouvons dire avec vérité que nous concevons une chose, de quelque manière que nous la concevions ». *Voyez* aussi ce qu'il dit au même endroit, où, comparant la vérité à la lumière, il assure qu'on la reconnaît à la clarté qui l'environne. *Voyez encore* (*part.* 4, *chap.* 1.) combien sont vagues les signes auxquels il veut qu'on reconnaisse l'évidence.

bien qu'elle ne peut être connue tant que les idées ne le sont pas elles-mêmes. Les tentatives des philosophes, pour indiquer un signe auquel on la puisse reconnaître, en sont la preuve. Ils n'ont que des conseils vagues à donner. Évitez, dira Descartes, la prévention, la précipitation, et que vos jugements soient toujours clairs et distincts. Consultez, dit Malebranche, le maître qui vous enseigne intérieurement ; et ne donnez votre consentement que quand vous ne le pourrez refuser sans sentir une peine intérieure et des reproches secrets de votre conscience, car c'est par là que ce maître vous répond.

Les mêmes raisons qui empêchent de s'assurer de l'évidence, sont cause que les philosophes ne peuvent se faire des règles qui soient de quelque utilité dans la pratique. En effet, les raisonnements sont composés de propositions ; les propositions, de mots ; et les mots sont les signes de nos idées. Les idées, voilà donc le pivot de tout l'art de raisonner ; et, tant qu'on n'a pas développé ce qui les concerne, tout est de nul usage dans les règles que les logiciens imaginent pour faire des propositions, des syllogismes et des raisonnements.

Ici les exemples se présentent en foule, mais je me bornerai à examiner le principe qu'on regarde comme le premier de tous. Il est de Descartes. Je n'en sache point qui ait été mieux reçu ; il a en effet de quoi séduire. Le voici.

Tout ce qui est renfermé dans l'idée claire et distincte d'une chose, en peut être affirmé avec vérité.

En premier lieu, des philosophes tels que les Cartésiens, ne sachant pas ce que c'est qu'une idée, ne sauront pas mieux ce qui la rend claire et distincte. Il paraît dans leur langage qu'elle n'est telle, que parce qu'on voit clairement et distinctement qu'elle est conforme à son objet. Leur principe se réduit donc à dire : *qu'on peut affirmer d'une chose tout ce qu'on voit clairement et distinctement lui convenir.* En ce cas il est vrai ; mais quelle en sera l'utilité ?

Je dis, en second lieu, que ce principe est d'un dangereux usage.

Nous avons un grand nombre d'idées qui ne sont que partielles, soit parce que les choses renferment souvent mille propriétés que nous ne connaissons pas, soit parce que les propriétés que nous leur connaissons, étant en trop grand nombre pour les embrasser toutes à-la-fois, nous les divisons en différentes idées, que nous considérons chacune à part. Dans la suite, familiarisés avec ces idées partielles, nous les prenons pour autant d'idées complètes : et nous supposons dans la nature autant d'objets qui leur répondent parfaitement, et qui ne renferment rien de plus que ce qu'elles représentent. Si, dans ces occasions, nous nous servons du principe des Cartésiens, il ne fera que nous confirmer dans l'erreur. Voyant que plusieurs idées partielles sont claires et distinctes, et ignorant qu'elles n'appartiennent qu'à une même chose, nous nous croirons autorisés à multiplier les êtres, suivant le nombre de nos idées. J'en donnerai un exemple, que les Cartésiens ne pourront pas contester.

Les philosophes qui admettent le vide, se fondent sur le principe de Descartes. Nous avons, disent-ils, l'idée d'une étendue divisible, mobile et impénétrable ; nous avons encore l'idée d'une étendue indivisible, immobile et pénétrable. Or il est clairement et distinctement renfermé dans ces idées, que l'une n'est pas l'autre ; donc, nous pouvons affirmer qu'il y a hors de nous deux étendues toutes différentes, dont l'une est le vide, et l'autre une propriété du corps.

Quoique ce raisonnement ne soit pas bien difficile à renverser, je ne vois pas que les Cartésiens y aient encore répondu solidement, ni même qu'ils le puissent. Ceux qui sont un peu versés dans la lecture des ouvrages des philosophes, et surtout des métaphysiciens, remarqueront aisément combien de chimères naissent de ce principe : *Tout ce qui est renfermé dans l'idée claire et distincte d'une chose, en peut être affirmé avec vérité.*

Il est vrai que la première fois que Descartes en fait usage, il lui donne toute la clarté qu'on peut désirer, parce qu'il l'applique à un cas particulier, où on ne peut ignorer ce que c'est qu'une idée claire et distincte. Ce philosophe, après avoir fait ses efforts pour douter de tout, reconnaît, comme une première vérité, qu'il est une chose qui pense. Cherchant par quel motif il adhère à cette proposition, il trouve en lui une perception claire et distincte de son existence et de sa pensée, et il en infère qu'il peut établir pour règle générale, que tout ce qu'il aperçoit clairement et distinctement, est vrai.

Ici l'idée ou la perception claire et distincte n'est que la conscience de notre existence et de notre pensée : conscience qui nous est si intimement connue, que rien n'est plus évident. Il faudra donc, toutes les fois que nous voudrons faire usage de la règle, examiner si l'évidence que nous avons, égale celle de notre existence et de notre pensée. La règle ne saurait s'étendre à des cas différents de l'exemple qui l'a fait naître.

Si les Cartésiens n'avaient pas franchi ces limites, on ne pourrait se refuser à la clarté de leur principe. Mais ils le rendent bientôt obscur, par les applications qu'ils en font, et leurs idées claires et distinctes ne sont plus qu'un je ne sais quoi qu'ils ne peuvent définir.

Concluons que les philosophes, en partant de la supposition des idées innées, ont trop mal commencé pour pouvoir s'élever à de véritables connaissances. Leurs principes, appliqués à des expressions vagues, ne peuvent enfanter que des opinions ridicules, et qui ne se défendront de la critique que par l'obscurité qui doit les environner.

CHAPITRE VII.
Cinquième exemple,
Tiré de Malebranche.

Un peut conclure des chapitres précédents, que, pour bâtir un système, il ne faut qu'un mot, dont la signification vague puisse se prêter à tout. Si on en a plus d'un, le système en sera plus étendu et plus digne de ces philosophes, qui ne pensent pas qu'il y ait rien hors de la portée de leur esprit. De pareils fondements sont peu solides, mais l'édifice en est plus hardi, plus extraordinaire, et par là, plus fait pour plaire à l'imagination.

Peut-être me soupçonnera-t-on d'avoir cherché à rendre les philosophes ridicules : mais leurs propres raisonnements vont montrer si j'ai exagéré les défauts de leur méthode. Je commencerai par Malebranche, parce que c'est un métaphysicien, que la beauté de son esprit a rendu des plus célèbres. Voyons comment il se conduit pour se faire des idées de l'entendement, de la volonté, de la liberté et des inclinations. Ces choses sont tout-à-fait du ressort de la métaphysique, et elles méritaient bien d'être traitées comme beaucoup d'autres.

Étienne Bonnot de Condillac

« L'esprit de l'homme, dit ce philosophe [1], n'étant point matériel, ou étendu, est sans doute une substance simple, et sans aucune composition de parties : mais cependant on a coutume de distinguer en lui deux facultés, savoir, *l'entendement* et *la volonté*, lesquelles il est nécessaire d'expliquer d'abord, pour attacher à ces deux mots une notion exacte ; car il semble que les notions ou les idées qu'on a de ces deux facultés, ne sont pas assez nettes ni assez distinctes ».

Il semble que les Cartésiens soient faits pour remarquer l'inexactitude des idées des autres, ils ne réussissent pas également à s'en faire eux-mêmes d'exactes. Malebranche en va être la preuve.

« Mais, parce que ces idées sont fort abstraites, et qu'elles ne tombent point sous l'imagination, il semble à propos de les exprimer, par rapport aux propriétés qui conviennent à la matière, lesquelles se pouvant facilement imaginer, rendront les notions qu'il est bon d'attacher à ces mots *entendement* et *volonté*, plus distinctes et même plus familières ».

Plus familières, cela est vrai : plus *distinctes*, la suite fera voir que Malebranche se trompe. Ainsi il a manqué le point le plus essentiel. La philosophie n'a que trop de notions qui ne sont que familières ; car il est difficile d'accoutumer à des idées exactes, des hommes qui ont contracté l'habitude de se servir des mots, sans se mettre en peine d'en déterminer le sens autrement que par quelques comparaisons assez disparates. Aussi, les préjugés ne prennent-ils nulle part de plus profondes racines, que dans la tête d'un philosophe.

« Il faudra seulement prendre garde que ces rapports de l'esprit et de la matière ne sont pas entièrement justes, et qu'on ne compare ensemble ces deux choses, que pour rendre l'esprit plus attentif, et faire comme sentir aux autres ce que l'on veut dire ».

Quoi ! au moment que Malebranche fait attention que ces idées ne sont pas assez nettes ni assez distinctes, et qu'il se propose de les rendre exactes, il emploie un moyen qui, de son aveu, au lieu de donner des notions justes de ce qu'il veut dire, le fera seulement comme sentir ! Les comparaisons ne donnent point d'idées des choses, elles ne sont propres qu'à nous familiariser avec celles que nous avons.

---

1 Recherche de la vérité, liv. 1, chap. 1.

CHAPITRE VII

Mais il est assez ordinaire de prendre pour des notions exactes, des notions qui ne sont que familières. Malebranche s'y est laissé tromper lui-même. Il promet à la vérité des idées nettes et distinctes, et cependant il ne tâche qu'à nous rendre familières les idées vagues qu'il se fait de l'entendement et de la volonté. A peine aura-t-il fini sa comparaison de l'esprit avec la matière, qu'il croira avoir tenu tout ce qu'il a promis ; et on le verra se servir des mots de *volonté* et d'*entendement* avec la même sécurité que s'il avait parfaitement démêlé tout ce qui concerne la nature de ces facultés. On voit que le défaut de ce philosophe, est celui que je reproche en général à tous ceux qui font des systèmes abstraits. Il veut se faire l'idée d'une chose, d'après l'idée d'une autre, dont la nature est toute différente. C'est là un des moyens, qui, comme je l'ai dit [1], contribue à la fécondité de ces sortes de systèmes.

« La matière ou l'étendue renferme en elle deux propriétés ou deux facultés. La première faculté est celle de recevoir différentes figures, et la seconde est la capacité d'être mue. De même l'esprit de l'homme renferme deux facultés : la première, qui est l'entendement, est celle de recevoir plusieurs idées, c'est-à-dire, d'apercevoir plusieurs choses : la seconde, qui est la volonté, est celle de recevoir plusieurs inclinations, ou de vouloir différentes choses ».

Ce début offre-t-il donc des idées si nettes et si distinctes ? Peut-on bien se rendre raison de ce qu'on voit, quand on se représente la faculté qu'a l'âme de recevoir différentes idées et différentes inclinations, par la propriété qu'a la matière de recevoir différentes figures et différents mouvements ? Mais la suite me paraît encore plus inintelligible. Malebranche va d'abord expliquer les rapports qu'il trouve entre la faculté de recevoir différentes idées, et la faculté de recevoir différentes figures.

« L'étendue est capable de recevoir de deux sortes de figures. Les unes sont seulement extérieures, comme la rondeur à un morceau de cire : les autres sont intérieures, et ce sont celles qui sont propres à toutes les petites parties dont la cire est composée ; car il est indubitable que les petites parties qui composent un morceau de cire, ont des figures fort différentes de celles qui composent un morceau de fer. J'appelle donc simplement *figure* celle qui est extérieure, et j'appelle *configuration* la figure qui est intérieure, et qui est néces-

1 Chapitre 2.

Étienne Bonnot de Condillac

saire à toutes les parties dont la cire est composée, afin qu'elle soit ce qu'elle est. »

« On peut dire de même que les perceptions que l'âme a des idées, sont de deux sortes. Les premières, que l'on appelle perceptions pures, sont, pour ainsi dire, superficielles à l'âme ; elles ne la pénètrent et ne la modifient pas sensiblement. Les secondes, qu'on appelle sensibles, la pénètrent plus ou moins vivement. Telles sont le plaisir et la douleur, la lumière et les couleurs, les saveurs, les odeurs, etc. Car on fera voir dans la suite, que les sensations ne sont rien autre chose que des manières d'être de l'esprit ; et c'est pour cela que je les appellerai des modifications de l'esprit ».

Dans les premières éditions de *la Recherche de la vérité*, le rapport des idées aux figures est exprimé d'une autre manière. Après avoir distingué de deux sortes de figures, dont l'une est intérieure, et appartient à toutes les petites parties dont un corps est composé, et l'autre est extérieure, on y remarque que les idées de l'âme sont de deux sortes. Les premières représentent quelque chose hors de nous, comme un carré, une maison, etc. Les secondes représentent ce qui se passe en nous, comme nos sensations, la douleur, le plaisir [1].

Sans doute Malebranche sentit dans la suite quelque inquiétude, et craignit de n'avoir pas donné des idées assez exactes. En effet, quel rapport y a-t-il entre la figure extérieure d'un corps et une idée qui représente ce qui est hors de nous ; entre les figures intérieures, propres aux petites parties d'un corps, et les idées qui se passent en nous-mêmes ? Il a donc cru mieux marquer ce rapport, en considérant les idées comme étant, pour ainsi dire, superficielles à l'âme, et les sensations, comme la pénétrant plus vivement. Mais, en vérité, qu'est-ce que les idées et les sensations, quand on les imagine de la sorte !

Malebranche s'efforce de mettre entre les idées et les sensations plus de différence qu'il n'y en a. Il n'a garde de penser que les idées soient des modifications de l'âme ; comme si les mêmes sensations qui modifient l'esprit, ne suffisaient pas pour représenter les choses qui sont hors de nous. L'entêtement des Cartésiens à ce sujet vient de leur ignorance sur l'origine des idées, et on ne saurait croire combien ils ont contribué à embrouiller toute la métaphysique.

1 C'est ainsi qu'il s'exprime encore dans la quatrième édition.

« La première et la principale des convenances qui se trouvent entre la faculté qu'a la matière de recevoir différentes figures et différentes configurations, et celle qu'a l'âme de recevoir différentes idées et différentes modifications, c'est que de même que la faculté de recevoir différentes figures et différentes configurations dans le corps, est entièrement passive et ne renferme aucune action, ainsi la faculté de recevoir différentes idées et différentes modifications dans l'esprit, est entièrement passive, et ne renferme aucune action ; et j'appelle cette faculté ou cette capacité qu'a l'âme de recevoir toutes ces choses, *entendement* ».

L'esprit ne forme donc par lui-même aucunes idées, elles viennent à lui toutes faites. Voilà les conséquences qu'on adopte, quand on ne raisonne que d'après des comparaisons : mais, quand on voudra consulter l'expérience, on verra que l'entendement n'est passif que par rapport aux idées qui viennent immédiatement des sens, et que les autres sont toutes son ouvrage. C'est ce que je crois avoir prouvé ailleurs [1].

« L'autre convenance entre la faculté passive de l'âme et celle de la matière, c'est que, comme la matière n'est point véritablement changée par le changement qui arrive à sa figure....., ainsi l'esprit ne reçoit point de changement considérable par la diversité des idées qu'il a ..... ».

C'est sans doute parce qu'il ne change que dans sa superficie. Mais serait-ce à dire que l'esprit de Malebranche, après s'être instruit de tout ce qu'il a mis dans la recherche de la vérité, était à-peu-près le même qu'auparavant ?

« De plus, comme l'on peut dire que la matière reçoit des changements considérables, lorsque la cire perd la configuration propre à ses parties pour recevoir celle qui est propre au feu et à la fumée, ainsi l'on peut dire que l'âme reçoit des changements fort considérables lorsqu'elle change ses modifications, et qu'elle souffre de la douleur après avoir senti du plaisir ».

L'âme change autant par le passage d'une ignorance parfaite à une véritable science, que par celui du plaisir à la douleur.

« Il faut conclure que les perceptions pures sont à l'âme, à-peu-près, ce que les figures sont à la matière, et que les configurations

1 Leçons préliminaires, Grammaire, Traité des sensations.

sont à la matière, à-peu-près, ce que les sensations sont à l'âme ».

Il ajoute dans les dernières éditions : « Mais il ne faut pas s'imaginer que la comparaison soit exacte.... ».

Il est assez singulier qu'après avoir blâmé les autres, de n'avoir pas donné de l'entendement une notion assez nette et assez distincte, il n'entreprenne d'y suppléer que par une comparaison qu'il avertit bien de ne pas prendre pour exacte. Il n'appartient qu'à l'imagination de se représenter les idées par les figures, et les sensations par les configurations. Si on veut concevoir nettement les choses, chacun sent que cette méthode n'en fournit pas les moyens. Cependant Malebranche ne voit rien à ajouter à ce qu'il a dit, et il passe à la seconde faculté de l'âme, pour la comparer avec la seconde faculté de la matière.

« De même que l'auteur de la nature est la cause universelle de tous les mouvements qui se trouvent dans la matière, c'est aussi lui qui est la cause générale de toutes les inclinations naturelles qui se trouvent dans les esprits : et, de même que tous les mouvements se font en ligne droite, s'ils ne trouvent quelques causes étrangères et particulières qui les déterminent, et qui les changent en des lignes courbes par leurs oppositions ; ainsi, toutes les inclinations que nous avons de Dieu sont droites, et elles ne pourraient avoir d'autre fin que la possession du bien et de la vérité, s'il n'y avait une cause étrangère qui déterminât l'impression de la nature vers de mauvaises fins ».

Qu'aurait fait Malebranche, si cette expression métaphorique, *des inclinations droites*, n'avait pas été française ? Sa comparaison aurait sans doute beaucoup perdu : le mouvement des corps en ligne droite est certainement une image bien sensible et bien nette des inclinations droites des esprits. Aussi, ce philosophe va-t-il substituer le mot de *mouvement* à celui d'*inclination* ; c'est apparemment pour plus d'exactitude.

« Il y a une différence fort considérable entre l'impression ou le mouvement que l'auteur de la nature produit dans la matière, et l'impression ou le mouvement vers le bien en général, que le même auteur imprime sans cesse dans l'esprit. Car la matière est toute sans action ; elle n'a aucune force pour arrêter son mouvement, et le détourner d'un côté plutôt que d'un autre. Son mouvement, comme l'on vient de dire, se fait toujours en ligne droite ; et, lors-qu'il est empêché de se continuer en cette manière, il décrit une ligne circulaire, la plus grande qu'il est possible, et par conséquent, la plus approchante de la ligne droite ; parce que c'est Dieu qui lui imprime son mouvement, et qui règle sa détermination. Mais il n'en est pas de même de la volonté. On peut dire, en un sens, qu'elle est agissante, parce que notre âme peut déterminer diversement l'inclination et l'impression que Dieu lui donne. Car, quoiqu'elle ne puisse pas arrêter cette impression, elle peut, en un sens, la déter-miner du côté qu'il lui plaît, et causer ainsi tout le dérèglement qui se rencontre dans ses inclinations, et toutes les misères qui sont des suites nécessaires et certaines du péché ».

Dieu seul règle les déterminations du mouvement de la matière, parce qu'elle est sans force et sans action : les esprits, au contraire déterminent eux-mêmes le mouvement qui leur est imprimé. Il y a donc en eux une force, une action. Mais qu'est-ce que cette force et cette action, demandera-t-on à Malebranche ? N'est-ce que le mouvement qui vient de Dieu ? L'esprit n'agit donc pas plus que la matière, et le mouvement demeure tel que Dieu l'aura lui-même déterminé. Est-ce quelque chose de différent de ce mouvement ? Il y a donc dans l'âme une force, une action, qui ne viennent pas de Dieu.

En suivant les comparaisons que fait Malebranche, il n'est pas possible d'expliquer pourquoi l'âme aurait, plutôt que la matière, le pouvoir de déterminer l'impression que Dieu lui donne. En vain a-t-il recours au sentiment intérieur et à la foi [1], pour s'en convaincre. Plus il prouvera par là que nous sommes maîtres de nos déterminations, plus il fera voir que ses principes sont défec-tueux, si, au lieu de rendre raison de la chose, ils jettent dans des absurdités. Voyons donc les explications que donne ce philosophe.

Quand l'âme détermine le mouvement qu'elle reçoit de Dieu, ce n'est pas, selon lui, qu'elle fasse quelque chose ; c'est qu'elle s'arrête, et se repose, et qu'elle ne suit pas toute l'impression de ce mouve-ment. Il y a en elle un acte, mais il est d'une nature toute singulière. « C'est un acte immanent, qui ne produit rien de physique dans notre substance ; un acte qui dans ce cas n'exige pas même de la vraie cause quelque effet physique en nous, ni idée, ni sensations

1 Éclaircissement 1.

nouvelles ; c'est-à-dire, en un mot, un acte qui ne fait rien, et ne fait rien faire à la cause générale, en tant que générale.... [1] ».

Qui l'aurait cru, qu'il y eût des actes qui consistent à se reposer, à ne rien faire ? Mais quand l'âme est occupée de son inaction, qu'elle agit sans rien faire, le mouvement que Dieu lui donne, diminue-t-il ? Point du tout ; Dieu la pousse toujours vers lui d'une égale force, et cela conduit à découvrir une différence merveilleuse entre le mouvement de l'âme et celui de la matière. *Le mouvement de l'âme ne cesse pas, même par le repos, dans la possession du bien, comme le mouvement du corps cesse par le repos* [2].

« J'avoue, ajoute Malebranche, que nous n'avons pas d'idée claire, ni même de sentiment intérieur de cette égalité d'impression ou de mouvement naturel vers le bien ». Il faut qu'il soit bien prévenu en faveur de ses principes, pour soutenir une chose dont, de son aveu, il n'a point d'idée, et dont il n'a pas même conscience. Mais, tous ceux qui font des systèmes abstraits, en sont réduits là.

Dans la matière, tout se fait par le mouvement. L'idée du mouvement est donc une des plus familières. Ainsi, il était naturel que Malebranche l'employât pour expliquer ce qui se passe dans l'âme. Mais les difficultés où il s'embarrasse, font voir combien les idées qu'il se fait sont peu exactes.

Le mouvement, tel qu'il appartient à la matière, n'est autre chose à notre égard que le passage d'un corps d'un lieu à un autre. Malebranche définira-t-il de même le mouvement qu'il attribue à l'âme ? Non, sans doute. Quelle idée en donnera-t-il donc [3] ? L'âme sent les besoins de son corps, elle sent le mouvement qui le porte vers les objets destinés à sa conservation. Il arrive de là que le mouvement du corps n'est point sans le sentiment de l'âme. Voilà pourquoi on les a confondus sous un même nom : mais ce mot est bien éloigné de faire connaître la nature de ce sentiment.

Pour passer aux différentes inclinations, à la volonté et à la liberté, voici les principes que Malebranche établit [4].

Dieu ne peut avoir d'autre fin principale que lui-même. Il a pour fin moins principale les créatures ; il veut leur conservation, il les

1 Éclaircissement 1.
2 Éclaircissement 1.
3 Il ne définit nulle part ce qu'il entend par le mouvement de l'âme.
4 Liv. 4, chap. 1.

aime, mais c'est pour lui ; et il ne peut proprement y avoir en lui d'autre amour que l'amour de lui-même. Les inclinations naturelles des esprits étant certainement des impressions continuelles de la volonté de celui qui les a créés, et qui les conserve, il est, ce me semble, nécessaire, dit Malebranche, que ces inclinations soient entièrement semblables à celles de leur créateur et de leur conservateur. De ce principe, où il y a un *ce me semble*, il conclut positivement que Dieu n'imprime en nous qu'un amour, qui est celui du bien en général. Mais, pourquoi substituer l'amour du bien en général à l'amour de Dieu ? Il me paraît que, pour l'exactitude de la conséquence, il fallait dire que Dieu n'imprime en nous que l'amour de lui-même ; sans doute que Malebranche a mieux aimé être peu conséquent, que de contredire trop visiblement l'expérience.

Ce mouvement vers le bien en général, est, selon lui, le principe de toutes nos inclinations, de toutes nos passions, et de tous nos amours [1]. Pour le comprendre, il suffit d'imaginer que l'âme le détermine vers des objets particuliers ; de là ce philosophe tire les idées qu'il se fait de la volonté et de la liberté. « Par ce mot de *volonté*, dit-il [2], *je prétends désigner l'impression ou le mouvement naturel qui nous porte vers le bien indéterminé et en général* ; et par celui de *liberté*, je n'entends autre chose que *la force qu'a l'esprit de détourner cette impression vers les objets qui nous plaisent, et faire ainsi que nos inclinations naturelles soient terminées à quelque objet particulier*, lesquelles étaient auparavant vagues et indéterminées vers le bien en général ou universel, c'est-à-dire, vers Dieu, qui est le seul bien en général, parce qu'il est le seul qui renferme tous les biens ».

Premièrement, est-il raisonnable, sous prétexte que Dieu renferme tous les biens, de le confondre avec quelque chose d'aussi vague, d'aussi indéterminé, et d'aussi abstrait que le bien en général ?

En second lieu, quelle idée peut-on se faire de la volonté, si par ce mot on entend un mouvement qui porte l'âme vers un bien indéterminé ? Il serait à souhaiter que Malebranche eût trouvé un corps mû vers un point en général. Ce philosophe ne comprend pas qu'il

---

1 Liv. 4, chap. 1.
2 Liv. 1, chap. 1.

pût y avoir en nous des amours particuliers, si nous n'étions mus vers le bien en général. Il me paraît au contraire qu'il n'y a point en nous d'amour, qui ne se borne à des objets bien déterminés. Ce qu'on appelle amour du bien en général, n'est pas proprement un amour, ce n'est qu'une manière abstraite de considérer nos amours particuliers. Malebranche, prévenu pour les principes abstraits, qu'il regardait comme la source de nos connaissances, a cru que nos amours devaient avoir la leur dans un amour abstrait. Mais, on voit ici bien sensiblement combien cette manière de raisonner est peu solide.

Tel est le système que Malebranche s'est fait pour expliquer la nature de l'entendement et de la volonté. Le fondement, sur lequel il porte, se réduit proprement à ce principe : *les idées et les inclinations sont à l'âme ce que les figures et le mouvement sont à la matière* : principe qu'il doit à la comparaison qu'il fait de deux substances toutes différentes. Il ne faut donc pas s'étonner s'il a si peu réussi à se faire des idées exactes. Ces notions influent dans bien des endroits de ses ouvrages ; mais il serait trop long d'en suivre toutes les conséquences. Pour montrer sensiblement où elles peuvent conduire, je me bornerai à les faire servir de principes à une proposition évidemment fausse, mais dont je donnerai une démonstration géométrique, comme les métaphysiciens en donnent.

THÉORÈME,
Ou proposition à prouver.
L'Amour et la haine ne sont qu'une même chose.

DÉFINITION PREMIÈRE.
L'amour est un mouvement qui nous porte vers un objet.

DÉFINITION II.
La haine est un mouvement qui nous éloigne d'un objet.

AXIOME PREMIER.
Ce qui est porté vers un point, s'éloigne par le même mouvement d'un point diamétralement opposé.

Axiome II.

L'objet de l'amour et celui de la haine sont diamétralement opposés : car l'objet de l'amour est le bien ou l'être, et celui de la haine est le mal ou le néant.

Démonstration du Théorème.

La haine est le mouvement qui nous éloigne d'un objet, par la seconde définition ; et, par la première, l'amour est le mouvement qui nous porte vers un objet. Or on ne s'éloigne point d'un objet, qu'on ne soit porté par le même mouvement vers un objet diamétralement opposé, par le premier axiome ; et, l'objet de l'amour et celui de la haine, par le second axiome, sont diamétralement opposés : donc, c'est par un seul mouvement que nous aimons et haïssons : donc, l'amour et la haine ne sont qu'un même mouvement, qu'une même chose.

Malebranche dit lui-même [1] que *le mouvement de la haine est le même que celui de l'amour ; mais,* ajoute-t-il, *le sentiment de la haine est tout différent de celui de l'amour.... Les mouvements sont des actions de la volonté : les sentiments sont des modifications de l'esprit.* Voilà donc l'amour et la haine comme actions de la volonté, qui ne sont qu'une même chose, c'est-à-dire, qui ne sont proprement qu'une même chose, car on ne s'est jamais avisé de considérer l'amour et la haine, autrement que comme actions de la volonté. On pourrait donc aimer et haïr, indépendamment de ce sentiment qui vient modifier l'esprit ; et, si Malebranche a reconnu quelque différence dans le sentiment de ces deux passions, c'est qu'il y a été contraint par sa propre expérience, qui lui apprenait assez qu'il ne faisait pas la même chose quand il haïssait, que quand il aimait.

J'aurais pu apporter pour exemple d'un système abstrait, celui de Malebranche sur les idées, mais il eût été long à exposer. D'ailleurs, il a peu de partisans, et l'inexactitude des principes que je viens de critiquer n'est peut-être pas si généralement reconnue.

Malebranche était un des plus beaux esprits du dernier siècle : mais malheureusement son imagination avait trop d'empire sur lui. Il ne voyait que par elle, et il croyait entendre les réponses de la sagesse incréée, de la raison universelle, du Verbe. A la vérité,

---

1 Liv. 5, chap. 3.

Étienne Bonnot de Condillac

quand il saisit le vrai, personne ne lui peut être comparé. Quelle sagacité pour démêler les erreurs des sens, de l'imagination, de l'esprit et du cœur ! Quelles touches, quand il peint les différents caractères de ceux qui s'égarent dans la recherche de la vérité ! Se trompe-t-il lui-même ? c'est d'une manière si séduisante, qu'il paraît clair jusque dans les endroits où il ne peut s'entendre.

Il connaissait l'homme ; mais il le connaissait moins en philosophe qu'en bel esprit. Deux principes étaient la cause de son ignorance à cet égard : l'un, que nous voyons tout en Dieu ; l'autre, que nous n'aimons rien que par l'amour que nous avons pour Dieu, ou pour le bien en général. En effet, avec de tels principes, il n'était pas possible de remonter à l'origine des connaissances et des passions humaines, ni d'en suivre le développement dans tous leurs progrès.

On compare ordinairement Malebranche et Locke, sans doute parce qu'ils ont tous deux écrit sur l'Entendement humain. D'ailleurs, on ne peut pas se ressembler moins. Locke n'avait ni la sagacité, ni l'esprit méthodique, ni les agréments de Malebranche ; mais aussi il n'en avait pas les défauts. Il a connu l'origine de nos connaissances, mais il n'en développe pas les progrès dans un détail assez étendu et assez net. Il est dans le chemin de la vérité comme un homme obligé de se le frayer le premier. Il trouve des obstacles, il ne les surmonte pas toujours ; il se détourne, il chancelle, il tombe, et il fait bien des efforts pour reprendre son chemin. La route qu'il ouvre est souvent si escarpée, qu'on a autant de peine à aller à la vérité sur ses traces, qu'à ne pas s'égarer sur celles de Malebranche. Il raisonne avec beaucoup de justesse ; souvent même, à l'occasion des choses les plus communes, il fait des observations très fines ; mais il ne me paraît pas réussir également sur les matières difficiles. Moins bel esprit que philosophe, il instruit plus dans son Essai sur l'entendement humain, que Malebranche dans la Recherche de la vérité.

CHAPITRE VIII.
Sixième exemple,
Des Monades.

Leibnitz n'a exposé son système que fort sommairement. Pour

en avoir la clef, il faut chercher dans plusieurs de ses ouvrages s'il ne lui est rien échappé qui soit propre à l'éclaircir. Quelquefois il paraît avoir dessein de s'envelopper ; et, craignant de choquer les opinions reçues, il se rapproche des façons de parler ordinaires, et fait entendre le contraire de ce qu'il veut dire. Peut-être aussi que, pour avoir traité les différentes parties de son système, à diverses reprises, il a été contraint de varier son langage à mesure qu'il a développé ses idées. Selon lui, par exemple, le plein ne doit pas avoir plus de réalité que le vide ; ce n'est qu'un phénomène, une apparence ; cependant, à voir la manière dont il en parle, on croirait que, peu d'accord avec ses principes, il le prenne pour quelque chose de réel.

Quant à M. Wolf, le plus célèbre de ses disciples, outre qu'il n'en a pas adopté toutes les idées, il suit une méthode si abstraite, et qui entraîne tant de longueurs, qu'il faut être bien curieux du système des monades, pour avoir le courage de s'en instruire par la lecture de ses ouvrages [1]. Pour moi, dans la vue de l'exposer, avec toute la netteté que permet une matière qui n'en est pas toujours susceptible, je vais présenter par quelle suite d'idées j'imagine qu'il s'est formé dans la tête de Leibnitz. Pour abréger, je ferai parler ce philosophe ; mais, je ne lui ferai rien dire qu'il n'ait dit, ou qu'il n'eût dit s'il eût lui-même entrepris d'expliquer son système dans toute son étendue, et sans détours. Voilà le sujet de la première partie de ce chapitre : dans la seconde, je combattrai Leibnitz.

PREMIÈRE PARTIE.
Exposition du Système des Monades.

ARTICLE PREMIER.
De l'existence des Monades.

Il y a des composés : donc, il y a des êtres simples ; car il n'y a rien sans raison suffisante. Or la raison de la composition d'un être ne peut pas se trouver dans d'autres êtres composés, parce qu'on demanderait encore d'où vient la composition de ceux-ci : cette raison se trouve donc ailleurs : et par conséquent, elle ne peut être

---

1 Je ne prétends parler que de ceux qu'il a écrits en latin ; car ce sont les seuls qui me soient connus.

que dans des êtres simples.

En effet, tout ce qui est, est un, ou collection d'unités. Donc, ce qui est un, n'est pas lui-même collection ; autrement il y aurait des collections d'unités, quoiqu'il n'y eût point d'unités, ce qui se contredirait visiblement. Or l'unité, proprement dite, c'est-à-dire, celle qui n'est pas collection, ne peut convenir à un être composé, c'est-à-dire, qui est collection. Donc, il y a des êtres qui sont simples, un : pour cette raison, je les appellerai *monades*.

Pendant un temps j'ai adopté les atomes, mais dans la suite je m'aperçus qu'on n'y pouvait pas trouver les principes d'une véritable unité, car l'attachement invincible de leurs parties, les unes hors des autres, ne détruit pas leur diversité. Je vis donc qu'il n'y a que les atomes formels, c'est-à-dire, les unités réelles et absolument destituées de parties, qui puissent être les principes de la composition des choses.

Les monades, étant simples, n'ont point de parties ; sans parties, elles sont sans étendue ; sans étendue, elles sont sans figure, ne peuvent occuper d'espace, ou être dans un lieu ; n'occupant point d'espace, elles ne sauraient se mouvoir.

Des êtres réellement étendus, peuvent être distingués par la différence du lieu qu'ils occupent. Il n'en est pas de même des monades. Pour être distinguées, il faut donc qu'elles aient des propriétés tout-à-fait différentes. Si deux monades étaient semblables en tout, elles seraient deux par supposition, et ne seraient qu'une dans le vrai.

Si l'étendue, la figure, le lieu, le mouvement ne conviennent à aucune monade en particulier, ils ne conviennent pas davantage à un assemblage de monades. Une collection de choses inétendues ne saurait faire de l'étendue : il faut raisonner de même sur le lieu, la figure, le mouvement. L'univers, ou l'assemblage de toutes les monades, n'occupe donc pas un espace plus réel qu'un seul être simple, et il n'y a proprement en cet assemblage ni étendue, ni figure, ni mouvement ; en un mot, il n'y a rien de ce qu'on entend communément par corps. Il ne faut donc pas considérer ces choses comme autant de réalités : ce ne sont que des phénomènes, des apparences, ainsi que les couleurs et les sons. C'est ce dont je dois avertir, pour prévenir les méprises que pourrait occasionner mon langage, lorsque je serai obligé d'employer les mots d'étendue, de figure, de mouvement et de corps.

ARTICLE II.
De l'étendue et du mouvement.

Si nous pouvions pénétrer la nature des êtres jusqu'à démêler distinctement tout ce qu'ils renferment, nous les verrions tels qu'ils sont. Les apparences ne viennent donc que de la manière imparfaite dont nous voyons les choses ; et ce sera assez de considérer comment nous apercevons les objets, pour découvrir l'artifice qui produit les phénomènes.

Nous nous apercevons, et nous avons des perceptions qui produisent à notre égard les apparences de plusieurs choses, que nous distinguons de nous, et que nous distinguons entre elles. Mais nos perceptions ne peuvent nous faire distinguer les choses de la sorte, qu'autant qu'elles nous les représentent comme étant hors de nous, et hors les unes des autres : et elles ne sauraient nous les montrer sous cette apparence, qu'aussitôt nous ne pensions voir de l'étendue[1]. Ce phénomène ne suppose donc pas qu'il y ait des êtres réellement les uns hors des autres, et réellement étendus. Il suppose seulement que nous avons des perceptions qui nous représentent une multitude d'êtres distincts.

Une fois que nos perceptions ont produit le phénomène de l'étendue, elles suffiront pour produire tous les phénomènes qui en dépendent. Nous verrons différentes parties dans l'étendue ; nous y remarquerons toutes sortes de figures ; les unes nous paraîtront proches, les autres éloignées, etc.

Les êtres que nos perceptions nous représentent les uns hors des autres, elles peuvent nous les représenter constamment dans le même ordre, ou elles peuvent varier cet ordre ; en sorte qu'un être qui paraissait immédiatement hors d'un autre, en paraîtra séparé par un second, ensuite par un troisième, et ainsi successivement. Dans le premier cas, le phénomène du repos a lieu ; dans le second, c'est le phénomène du mouvement.

Il n'y a rien sans une raison suffisante : par conséquent l'ordre

---

1 Cela ne suffit pas, des êtres distincts sont proprement les uns hors des autres. Pour produire le phénomène de l'étendue, il faut qu'en paraissant contigus, ils paraissent encore former un continu.

dans lequel nos perceptions nous représentent les êtres, a sa raison dans l'ordre qui est entre les êtres mêmes. La réalité des choses fournirait donc à celui qui la connaîtrait l'explication la plus détaillée de la génération de chaque phénomène. Mais l'ignorance où nous sommes à cet égard nous oblige de prendre une route différente. Au lieu d'expliquer les phénomènes par la réalité des choses , nous jugerons de la réalité par les phénomènes ; et nous imaginerons dans les êtres quelque chose d'analogue aux apparences que les perceptions produisent. En conséquence, voici comment je raisonne.

Les phénomènes nous représentent des composés, ou des touts dont les parties ont entre elles des rapports plus immédiats, qu'avec toute autre chose. Les êtres simples se combinent donc de façon que plusieurs ayant ensemble des rapports immédiats, ils forment quelque chose d'analogue à des composés ; c'est ce que j'appelle des collections, ou des agrégats de monades.

Les phénomènes nous font voir des composés qui se touchent, qui forment un continu, et d'autres qui sont éloignés. Il y a donc entre les agrégats, des rapports propres à produire ces apparences. Que, par exemple, l'agrégat A ait un rapport immédiat avec B ; B avec C ; C avec D : A, B, G, D produiront le phénomène d'un continu, dont A et D paraîtront des points distants.

Enfin, en considérant comment nos perceptions conservent entre les choses le même ordre, ou le varient, nous jugerons qu'il y a réellement entre les agrégats de monades un ordre qui varie ou demeure le même. Voilà où se trouve la première raison des phénomènes du mouvement et du repos.

Dans la réalité des choses, l'étendue n'est donc que l'ordre qui est entre les monades et les agrégats, et qui fait que nos perceptions nous les représentent existants les uns hors des autres [1]. Le repos est cet ordre conservé sans altération ; le mouvement est le changement qui y survient.

Quand les rapports changent entre plusieurs agrégats, la raison peut s'en trouver dans un seul ou dans tous. Si elle ne se trouve que dans un, il paraît seul se mouvoir : si, au contraire, elle se rencontre dans tous, ils paraissent tous en mouvement. Le phénomène du

1 C'est là ce qu'entend Leibnitz, quand il dit que l'étendue n'est que l'ordre des coexistants.

mouvement a donc sa raison dans l'agrégat où le changement de rapport a son principe. Quand je marche, par exemple, c'est mon corps qui se meut, et non pas le lieu où je passe, parce que c'est dans mon corps que se trouve la raison des changements de rapports qu'il a avec ce lieu.

Au reste, nous ne pouvons remarquer le mouvement que lorsque nos perceptions nous représentent si bien les changements de rapports, que nous les distinguons exactement les uns des autres : mais, si elles le représentent si confusément, qu'il ne nous soit pas possible de les distinguer, ils deviennent nuls à notre égard et le phénomène du repos continue. Ainsi, quand nous remarquons du mouvement, il faut que dans la réalité les êtres changent leurs rapports ; et, quand nous n'en remarquons pas, il faut que, si les rapports ne demeurent pas les mêmes, nos perceptions ne représentent du moins les changements que d'une manière fort confuse.

ARTICLE III.
De l'espace et des corps.

Il n'est pas possible d'apercevoir des changements, sans imaginer quelque chose de fixe, à quoi on les rapporte. Nous ne saurions, par exemple, nous représenter une étendue qui se meut, que nous ne nous représentions une étendue qui ne se meut point. Nous considérons ensuite l'étendue immobile et l'étendue mobile comme deux choses différentes, et la première nous donne l'idée de l'espace, la seconde celle du corps. Ces idées ont même été si fort distinguées, qu'on a demandé s'il y a un espace vide, une étendue sans corps, ou si tout est plein. Mais il n'y a proprement ni vide ni plein, puisque l'étendue elle-même n'est qu'un phénomène.

Les corps paraissent se mouvoir dans une étendue que nous jugeons immobile ; nous imaginons cette étendue pénétrable. L'espace emporte donc l'idée de pénétrabilité avec celle d'immobilité : il semble recevoir les corps, et par là il devient le lieu de chacun d'eux.

Les corps, au contraire nous doivent paraître impénétrables. Comme mobiles, nous concevons bien qu'ils peuvent se succéder dans un même espace ; mais, comme portions d'étendue, nous nous les représentons nécessairement les uns hors des autres, et par conséquent ne pouvant en même temps occuper le même lieu, c'est-à-dire, se pénétrer.

Remarquez que, quand on dit que les corps sont impénétrables, c'est qu'on les compare les uns aux autres. Par rapport à l'espace où ils se meuvent, ils sont pénétrables ; car, puisqu'ils le pénètrent, ils en sont pénétrés, cela est réciproque. Nous concevons également les parties de l'espace les unes nécessairement hors des autres, et par conséquent comme ne pouvant se pénétrer ; mais nous les jugeons pénétrables, quand nous les considérons comme le lieu où les corps se meuvent.

Ainsi le corps et l'espace ne sont proprement que l'étendue, c'est-à-dire, des agrégats d'êtres simples, considérés les uns hors des autres : mais l'étendue, prise comme immobile et pénétrable, c'est l'espace ; et, prise comme mobile et impénétrable, c'est le corps.

Un corps n'est donc pas une substance étendue, composée à l'infini de substances toujours étendues ; il n'y a pas même, à proprement parler, d'autres substances que les êtres simples, et un corps n'est qu'un agrégat, une collection de substances. Quand je l'appellerai substance, ce ne sera que pour me conformer à l'usage : il ne faudra pas prendre ce terme à la rigueur.

Ces principes posés, il est aisé de résoudre la question, s'il y a des corps. Il n'y en a point, si, prenant ce mot au sens vulgaire, on entend par corps quelque chose de réellement étendu ; il y en a, si on entend quelque chose qui n'est étendu qu'en apparence ; c'est-à-dire, si on prend un corps pour une collection d'êtres simples, qui, par la manière dont nous les apercevons, produisent à notre égard le phénomène de l'étendue.

Les corps, n'étant que des agrégats de monades, ont une essence différente, suivant les êtres simples dont ils sont formés, et les combinaisons qu'il s'en fait. Or toutes les monades diffèrent essentiellement les unes des autres ; il n'y a donc pas deux corps parfaitement semblables. Nous verrons plus bas comment tous les corps sont organisés, comment il n'en est point qui n'ait une monade dominante, à laquelle toutes les autres sont subordonnées ; comment enfin il ne se passe rien dans le corps qui ne soit en harmonie avec ce qui arrive à la monade dominante, et réciproquement.

CHAPITRE VIII

ARTICLE IV.
Que chaque monade a des perceptions,
et une force pour les produire.

J'ai supposé des rapports entre les monades, parce qu'en effet plusieurs êtres ne peuvent exister sans en avoir. D'ailleurs, il y en a entre les corps ; donc, il y en a entre les monades ; car les corps n'étant que des agrégats, la raison de leurs propriétés doit se trouver dans les êtres simples dont ils sont composés. En un mot, il faut imaginer qu'il y a parmi les monades des rapports et des changements de rapports, comme parmi les phénomènes, et que de part et d'autre, tout se fait dans les mêmes proportions.

Jusqu'ici nous savons ce que les monades ne sont pas, mais ce n'est pas assez pour se faire une idée des rapports qui sont entre elles. Si nous n'en pouvions assurer autre chose, sinon qu'elles ne sont ni étendues ni figurées, ni mobiles, etc., il s'ensuivrait qu'elles ne seraient rien à notre égard. La privation des qualités fait le néant ; et, pour être, il faut avoir quelque chose de positif.

Les monades sont des substances simples. La notion de notre âme peut donc servir de modèle à l'idée que nous en voulons former. Nous n'avons qu'à imaginer dans chaque monade quelque chose d'analogue au sentiment et à ce qu'on nomme en général perception. Voilà ce qu'elle aura de positif ; elle éprouvera des changements, lorsqu'elle aura des perceptions différentes.

Mais quel sera le principe de ces perceptions ? D'un côté, on ne conçoit pas qu'une monade puisse être altérée, ou éprouver dans l'intérieur de sa substance quelques changements par l'action d'une autre créature ; car, étant simple, rien ne peut s'échapper de sa substance pour agir au-dehors, et rien ne peut entrer pour la faire pâtir. Les monades n'agissent donc point les unes sur les autres, il n'y a point entre elles d'action ni de passion réciproques, et par conséquent les changements qui leur arrivent, n'ont pas pour principe quelque chose qui soit au-dehors.

D'un autre côté, si nous consultons l'essence des monades, nous n'y trouverons pas non plus la raison des changements qui leur arrivent. L'essence ne détermine dans un être que ce qui lui appartient constamment ; elle détermine, par exemple, la possibilité des changements : mais, de ce qu'un changement est possible, il n'est pas actuel. Il faut donc reconnaître dans chaque substance une autre raison par où on puisse comprendre pourquoi et comment tel changement devient actuel plutôt que tout autre. Or, cette raison, c'est, ce que j'appelle *force*. Il y a donc dans chaque monade une force qui est le principe de tous les changements qui lui arrivent, ou de toutes les perceptions qu'elle éprouve, et on peut définir la substance, ce qui a en soi le principe de ses changements.

Quoique la notion de la force soit du ressort de la métaphysique, elle n'en est pas moins intelligible. Car chacun peut remarquer en lui-même un effort continuel, toutes les fois qu'il veut agir. Si, par, exemple, je veux écrire, et que quelqu'un me retienne la main, je fais continuellement effort, et cet effort produit l'action, dès qu'on rend la liberté à ma main ; en sorte que, tant que l'effort continue, je continue d'écrire ; et, sitôt qu'il cesse, je cesse d'écrire. La force consiste donc dans un effort continuel pour agir.

Ainsi, quand je parle de la force des monades, je veux dire qu'il y a en elles un effort, une tendance continuelle à l'action, c'est-à-dire, à produire en elles un changement en produisant une nouvelle perception. Car les changements d'état n'étant que des perceptions, la force qui tend à changer l'état, ne tend qu'à produire de nouvelles perceptions [1].

Mais, puisque chaque être simple est un, sa force est une également. Elle ne trouve donc rien qui résiste à l'effort qu'elle fait continuellement pour agir. Elle doit par conséquent produire sans cesse de nouveaux changements. L'état des monades change donc continuellement ; elles éprouvent donc sans cesse de nouvelles perceptions.

ARTICLE V.
De l'harmonie préétablie.

Les phénomènes nous représentent de la liaison entre toutes les parties de l'univers ; il y en a donc entre les êtres simples dont l'univers est formé. Si ces êtres agissaient les uns sur les autres, c'en serait assez pour faire imaginer de la liaison entre eux. Mais cela n'est pas : chacun a en particulier une force qui lui est propre, et cette force produit en lui une suite de changements tout-à-fait indépen-

---

1 Cette force, celle tendance à l'action, Leibnitz l'appelle encore *appétit*.

dante des suites qui ont lieu dans les autres. Les monades, dans ce système, paraissent donc comme autant d'êtres isolés, et qui n'ont point de liaison. Les corps, par conséquent, n'en ont pas davantage entre eux, ni avec les monades dominantes, avec lesquelles je ferai voir qu'ils sont unis.

Cependant rien n'empêche que les suites de changement n'aient des rapports entre elles, et ne se combinent pour tendre à une fin commune, dans le même ordre que si les êtres agissaient réellement les uns sur les autres. Dès lors on conçoit entre toutes les parties de l'univers une harmonie qui en fait toute la liaison.

Mon âme, par exemple, ou la monade qui domine sur mon corps, éprouve successivement différentes perceptions, et elles les éprouveront également et dans le même ordre, quand elle ne serait unie à aucun corps. Mon corps, sans en recevoir aucune influence, change aussi continuellement d'état, et ses changements ne sont que l'effet de son mécanisme. En un mot, tout se fait dans l'âme, comme s'il n'y avait point de corps ; et tout se fait dans le corps, comme s'il n'y avait point d'âme. Mais il y a de l'harmonie entre ces deux substances, parce que leurs changements se répondent aussi exactement que si elles veillaient à leur conservation mutuelle, en agissant l'une sur l'autre.

Dieu seul est la cause de cette harmonie, parce qu'il l'a préétablie. Ce n'est pas qu'il ait lui-même déterminé les changements de l'une de ces deux substances, pour les faire accorder avec ce qui devait se passer dans l'autre : mais il a consulté ce qui devait arriver à chaque substance possible, en vertu de la force qui lui est propre ; et il a uni celles où cet accord devait se rencontrer. Supposez un habile mécanicien, qui, prévoyant tout ce que vous ordonnez demain à votre valet, fasse un automate qui exécutera vos ordres à point nommé. La même chose arrive dans le système de l'harmonie préétablie. Quand Dieu choisit le corps pour l'âme, le corps, par une suite de son mécanisme, exécute exactement les ordres. Quand l'âme est choisie pour le corps, elle paraît obéir à son tour, quoiqu'elle n'éprouve que les changements que produit en elle la force qui lui est propre.

On imaginera l'harmonie de tout l'univers, si on se représente entre toutes ses parties la même correspondance qu'entre mon corps et mon âme. Mais, pour rendre la chose plus sensible, ré-alisons avec les Cartésiens le phénomène du plein. Dans cette hypothèse, le moindre mouvement doit se communiquer à toute distance ; et l'action d'un corps sur un de nos organes, ne peut se borner à être seulement une impression de ce corps, elle doit encore être une impression de tous les corps de l'univers. Par là toutes les parties du monde coexistent et se succèdent, de manière que les modifications de chaque corps sont déterminées par le monde entier, c'est-à-dire, qu'aucun corps n'a une certaine figure, ni une certaine quantité de mouvement, que parce qu'il s'en trouve une raison suffisante dans l'état actuel de l'univers. Sans cela ce corps ne serait pas lié avec les autres, il ne ferait pas partie de ce monde.

Or le phénomène du plein est parfaitement analogue à la réalité des choses ; il en est la figure. Tout est donc lié dans la réalité, comme tout le paraît dans le plein.

Mais il faut bien se souvenir que cette liaison ne suppose pas une dépendance réelle entre les substances ; elle ne la suppose qu'idéale, et ce n'est que dans le sens populaire et en suivant les apparences, qu'on peut dire qu'elles dépendent les unes des autres. C'est ainsi qu'on dit avec le peuple, *le soleil se lève, se couche,* quoiqu'on pense avec Copernic, que la terre tourne.

Les monades, étant indépendantes les unes des autres, existent dans le vrai une à une. Il n'y a donc rien dans la réalité des choses qui soit composé, ni rien par conséquent qui mérite le nom de tout, non plus que celui de partie. Ce qu'on appelle *tout* et *partie,* sont des phénomènes renfermés dans la notion du corps, et qui résultent uniquement de l'harmonie préétablie entre les monades.

Transportez-vous dans un concert, et considérez les sons comme répandus dans l'air et existants indépendamment les uns des autres, vous ne concevez point de liaison entre eux. Considérez-les ensuite par le rapport qu'ils ont à votre organe, aussitôt vous les voyez se lier, et former des tons harmoniques. Il en est de même de tous les phénomènes de l'univers.

ARTICLE VI.
De la nature des êtres.

La force particulière à un être simple, je l'appelle la nature de cet

72

être : tous les changements qui arrivent à un être sont donc une suite de sa nature. Ainsi que de l'agrégat de plusieurs monades naît le phénomène du corps, des forces combinées des ces mêmes monades résulte un autre phénomène, c'est celui de la force motrice. Cette force est donc la nature du corps, c'est-à-dire, qu'elle est le principe de tous les changements qui se font dans le phénomène de l'étendue mobile et impénétrable.

Cette force se conserve toujours la même dans chaque corps, le repos même ne peut l'altérer. Car un corps ne saurait être un instant sans réunir toutes les forces des êtres simples dont il est l'agrégat. Il y a donc toujours dans l'univers une même quantité de force.

Quoique les forces de tous les corps tendent à une même fin, elles n'y tendent pas toutes également. Elles paraissent se faire obstacle les unes aux autres, et c'est là ce qui produit le phénomène de la force d'inertie ou de résistance.

Ainsi, pour rendre la notion du corps complète, il faut ajouter aux idées d'étendue, de mobilité et d'impénétrabilité, celle de force motrice et celle de force d'inertie. Un corps est donc un agrégat d'êtres simples, qui, par l'ordre qu'ils conservent entre eux, produisent les phénomènes de l'étendue, de la mobilité, de l'impénétrabilité, de la force motrice et de la force d'inertie.

Si on fait abstraction de la force motrice, on aura l'idée de la matière, c'est-à-dire, d'une substance étendue, mobile, impénétrable, et douée d'une force d'inertie.

Enfin considérons la réunion de toutes les forces motrices, et nous aurons la nature universelle, c'est-à-dire le principe de tous les phénomènes de l'univers.

Le système des Cartésiens est peu philosophique. Au lieu d'expliquer les choses par des causes naturelles, ils font à chaque instant descendre Dieu dans la machine, et chaque effet paraît produit comme par miracle. Ici Dieu s'en tient à créer et à conserver les êtres simples, il abandonne le reste à la nature. C'est la nature qui dans chaque corps, dans l'univers entier, est le principe de tout. Elle est comme un ouvrier qui travaille sur la matière qu'il trouve toute créée. Dieu donne sans cesse l'actualité aux êtres simples : et sans cesse la nature produit l'étendue, le mouvement et les autres phénomènes.

Étienne Bonnot de Condillac

ARTICLE VII.
Comment chaque monade est représentative de l'Univers.

L'état actuel d'une monade est relatif à l'état actuel de toutes les autres. C'est là ce qui entretient l'harmonie de tout l'univers. Chaque état d'une monade exprime et représente donc les rapports qui sont entre elle et le reste des monades : et, puisqu'elle change continuellement, elle passe continuellement par de nouveaux états représentatifs. Or les perceptions qui se succèdent dans une monade, et les différents états par où elle passe, ne sont qu'une même chose. Chaque perception est donc représentative ; et, puisqu'elle est l'effet de la force de la monade, on ne la peut mieux définir qu'en disant quelle est un acte par lequel une substance se représente quelque chose.

Mais, tout étant lié, il n'y a pas de raison pour borner cette représentation. Elle embrasse donc tout, elle tend à l'infini : ainsi chaque perception représente l'état actuel de tout l'univers ; et, parce que cet état est lié avec le passé dont il est l'effet, et avec l'avenir dont il est gros [1], la même perception représente le passé, le présent et l'avenir. Par conséquent on se ferait l'idée la plus exacte et la plus détaillée de l'univers, si on connaissait parfaitement l'état actuel d'une seule monade [2].

Cependant toutes les monades ne représentent pas l'univers de la même manière. Chacune le représente suivant le rapport où elle est avec le reste des êtres, et par conséquent sous un point de vue différent. Elle ne représente pas immédiatement des choses qui n'ont avec elle qu'un rapport éloigné. Un corps, par exemple, fort composé, n'est pas représenté immédiatement dans un être simple, mais il l'est dans un corps moins composé que lui ; celui-ci dans un autre encore moins, et ainsi successivement ; en sorte que la représentation se faisant de l'un à l'autre par les passages les plus petits, parvient de proche en proche jusqu'aux plus petits corps possibles, et se termine dans un être simple.

Cela doit être de la sorte par le principe de la raison suffisante. Car si la représentation passait d'un corps à un autre, qui n'aurait pas avec lui le rapport le plus prochain, il y aurait une espèce de

---

1 *Le présent est gros de l'avenir.* C'est l'expression de Leibnitz.
2 C'est ce qui a fait dire à Leibnitz que chaque substance, chaque monade est un miroir vivant, une concentration de l'univers.

saut dont on ne pourrait rendre raison. De là il faut conclure qu'il y a, dans chaque portion de matière, une infinité de corps, tous plus petits les uns que les autres, et qui décroissent par des différences infiniment petites, jusqu'à celui qui a le rapport le plus immédiat, avec l'être simple. C'est la seule hypothèse où les passages brusques n'aient pas lieu. Une monade ne peut donc représenter l'univers, qu'elle ne soit unie à un corps infiniment petit ; et, puisqu'il est de la nature de chaque monade, de le représenter toujours, il est aussi de sa nature de ne pouvoir jamais être séparée de son corps.

ARTICLE VIII.
Des différentes sortes de perception, et comment chacune en renferme une infinité d'autres.

On demandera peut-être comment une substance peut avoir des perceptions, c'est-à-dire, agir, et produire en elle des changements qui lui représentent quelque chose, sans avoir conscience de ses perceptions, ni de ce quelle se représente. C'est, répondrai-je, que ses perceptions sont totalement obscures. Donnez de la clarté à quelques-unes, aussitôt elle en aura conscience, donnez-en à quelques autres, sa conscience s'étendra encore, et ainsi de plus en plus, à mesure qu'un plus grand nombre aura de la clarté.

Quand, par exemple, j'entends le bruit de la mer, j'entends aussi celui de chaque vague. Mais le bruit total est une perception claire dont j'ai conscience, et le bruit de telle ou telle vague est une perception obscure qui vient se confondre dans la totale : je ne l'en saurais discerner, et je n'en ai point conscience.

Si le bruit d'une vague se faisait entendre tout seul, la perception n'en serait plus confondue avec aucune autre ; elle serait claire, et j'en aurais conscience. Mais le bruit de cette vague est lui-même composé de celui que fait chaque particule d'eau ; c'est donc encore ici une perception qui résulte de beaucoup d'autres, dont je n'ai pas conscience. Si on décomposait de la sorte toutes nos perceptions, il n'en est point qu'on ne vît se résoudre en plusieurs autres, qui, par l'impuissance où nous étions de les démêler, se confondaient en une seule.

La perception totale qui résulte de la confusion de plusieurs autres, je l'appelle confuse. Une perception peut donc être claire et confuse en même temps. Elle est claire par la conscience que j'en ai ; elle est confuse, parce que je ne discerne pas les perceptions particulières dont elle est le résultat. Enfin elle devient distincte, à mesure que j'y démêle un plus grand nombre de perceptions particulières. La perception, d'un arbre, par exemple, est distincte, parce que j'y distingue un tronc, des branches, des feuilles, etc.

Mais nous avons beau décomposer nos perceptions, nous n'arriverons jamais à des perceptions absolument simples. Chacune est comme un point où une infinité de sentiments viennent se réunir et se confondre. La sensation d'une couleur, par exemple, ne peut représenter l'objet coloré, qu'autant qu'elle se forme des perceptions obscures qui représentent les mouvements et les figures, qui sont les causes physiques de cette couleur. Ces dernières perceptions ne peuvent représenter ces mouvements et ces figures, qu'autant qu'elles résultent aussi des perceptions obscures qui représentent les déterminations qui sont le principe des mouvements et des figures ; et ainsi de suite, jusqu'aux premières déterminations des monades. Par conséquent la sensation d'une couleur résulte d'une multitude infinie de perceptions qui se confondent en une seule. Si nous les pouvions distinguer successivement, d'abord la couleur disparaîtrait, et nous ne verrions plus que certaines parties d'étendue figurées et mues diversement ; bientôt après, les phénomènes des figures et du mouvement s'évanouiraient à leur tour, et il ne resterait que les différentes déterminations des êtres simples. C'est ainsi qu'une couleur s'évanouit, quand le microscope nous fait apercevoir les couleurs dont le mélange l'a formé [1].

On voit que dans ce système les perceptions représentent l'état réel des objets, et ne le représentent pas. Elles le représentent par cette multitude infinie de sentiments dont on n'a point conscience. Mais, si on n'a égard qu'à ce qu'on y démêle, elles ne le représentent pas, elles ne sont que des phénomènes ou des apparences.

ARTICLE IX.
Des différentes sortes de monades, suivant les différentes sortes de perceptions dont elles sont capables.

Par l'article précédent, nos perceptions peuvent se confondre ou

1 Mêlez deux poudres fort fines, et de couleurs différentes, il en résultera une troisième couleur : mais un microscope fera reparaître les deux premières.

se distinguer à l'infini, suivant que nous sommes plus ou moins capables de les discerner. Si elles se confondent toutes, au point qu'on n'y puisse rien démêler, elles sont totalement obscures, et on n'a conscience d'aucune : c'est ce qui nous arrive dans le sommeil. Si, au contraire, elles se distinguent si fort, qu'on les remarque chacune en particulier, alors on les discerne toutes, et il n'en est point dont on n'ait conscience. Un être qui n'a que de ces sortes de perceptions, voit distinctement tout ce qui est.

Cet état ne convient qu'à Dieu : il n'est point de créature qui n'en soit infiniment éloignée. Nos sensations ne représentent rien que confusément ; et, si quelquefois nous disons qu'elles sont distinctes, il ne faut pas l'entendre à la rigueur, comme si nous démêlions tout ce qu'elles renferment : cela signifie seulement que nous en démêlons une partie.

Depuis l'état où toutes les perceptions sont totalement obscures, jusqu'à celui où il n'en est point qui ne soit claire et distincte, on peut imaginer une suite de degrés qui représenteront tous les états possibles où les monades peuvent se trouver. Elles ne s'élèvent au-dessus du premier état, qu'à mesure que leurs perceptions se développent, deviennent plus claires et plus distinctes ; et c'est là tout ce qui met de la différence entre elles. Ainsi, les différentes sortes de perceptions déterminent les différentes classes des êtres. Dans les uns les perceptions sont totalement obscures, je les appelle *entéléchies* ; dans les autres, elles commencent à avoir quelque degré de clarté, et à être accompagnées de conscience, ce sont les âmes ; ailleurs elles se développent assez pour élever les monades à la connaissance des vérités nécessaires, elles en font des âmes raisonnables ; enfin elles deviendront encore plus distinctes, et feront passer les âmes raisonnables à un état supérieur à celui où elles sont aujourd'hui.

ARTICLE X.
Des transformations des animaux.

Un corps organisé est celui dont les parties ont entre elles une harmonie qui les fait toutes concourir à une même fin dans un ordre où elles ne paraissent agir que dépendamment les unes des autres. Le corps humain, par exemple, est organisé, parce que tout y est dans une proportion propre à transmettre en apparence à l'âme des perceptions quelquefois obscures et confuses, d'autres fois claires et distinctes jusqu'à un certain degré. Or chaque monade est unie à un corps par lequel elle se représente l'univers : chaque monade a donc un corps organisé ; elle a un agrégat d'êtres simples qui lui sont tous subordonnés. À cet égard, je l'appelle *entéléchie dominante*.

Par là on conçoit que rien n'est mort dans la nature : tout y est sensible, animé ; et chaque portion de matière est un monde de créatures, d'âmes, d'entéléchies, et d'animaux d'une infinité d'espèces. Parmi tant d'êtres vivants, il en est peu qui soient destinés à paraître sur ce grand théâtre, où nous jouons tant de rôles différents ; mais partout la scène est la même ; ils naissent, se multiplient et périssent comme nous.

Cependant il n'y a nulle part ni naissance ni mort proprement dite. Puisqu'il est de la nature de la monade de représenter l'univers, chacune a été unie à un corps, pour n'en être jamais séparée. La conception, la génération, la destruction ne sont que des métamorphoses et des transformations qui font passer les animaux d'une espèce à l'autre. C'est de la sorte qu'une chenille devient papillon. Par conséquent une machine naturelle n'est jamais détruite, quoique par la perte de ses parties grossières elle soit réduite à une petitesse qui n'échappe pas moins aux sens, que celle où était l'animal, avant ce que nous appelons sa naissance. Par différentes transformations elle se dépouille quelquefois d'une partie des êtres dont elle était l'agrégat, et d'autres fois elle en acquiert de nouveaux : par là elle paraît tantôt étendue, tantôt resserrée, et comme concentrée quand on la croit perdue ; mais elle continue toujours d'être un corps organisé. Chaque monade demeure donc unie au corps dont elle est l'entéléchie dominante. Par ce moyen les animaux subsistent comme les âmes, et sont indestructibles comme elles.

Dans ces transformations tout tend vraisemblablement à la perfection, non seulement de l'univers en général, mais encore de chaque créature en particulier. Ainsi les corps ne se développent que pour transmettre aux entéléchies dominantes des perceptions toujours plus claires et plus distinctes, et pour les faire passer d'une classe à une classe supérieure.

CHAPITRE VIII

Nos âmes ne sont donc pas créées au moment de la conception ; elles l'ont été avec le monde, et sont devenues raisonnables, lorsque leurs corps ont été suffisamment développés pour leur transmettre des perceptions dans un certain degré de clarté. Elles ne sont pas non plus détruites à la mort ; mais chacune continuant à être unie à son premier corps, elles conservent leur personnalité, et passent à un état plus parfait que celui qu'elles quittent. D'autres monades qui ne sont encore que de pures entéléchies, éprouveront à leur tour de pareilles transformations [1], et ces métamorphoses continueront pendant toute l'éternité.

Tel est le système des monades, il n'est rien dont il ne rende raison, et des difficultés, insolubles dans tout autre, s'expliquent ici de la manière la plus intelligible [2]. On doit donc le regarder comme quelque chose de mieux qu'une hypothèse.

SECONDE PARTIE.
Réfutation du système des monades.

J'ai cru devoir exposer au long le système des monades, soit parce qu'il est assez curieux pour mériter qu'on le fasse connaître, soit parce que c'était un moyen propre à m'en assurer à moi-même l'intelligence. Si j'avais voulu me borner aux seuls principes que je me propose de critiquer, je n'aurais pas combiné, autant que je l'ai fait, les différentes parties de ce système, et je me serais souvent écarté de la pensée de son auteur. C'est ce qui arrive ordinairement à ceux qui entreprennent de réfuter les opinions des autres. M. Justi en est un exemple. Il expose à la vérité le principe qui sert de fondement à tout le système de Leibnitz ; mais, parce qu'il n'a pas eu la précaution de suivre ce philosophe dans l'usage qu'il en fait, il lui suppose des idées qu'ils n'a jamais eues, et fait une critique qui ne tombe point sur le système des monades [3].

1 Gottlieb Hanschius rapporte dans un commentaire qu'il a fait sur les principes de Leibnitz, que ce philosophe lui avait dit, en prenant du café, qu'il y avait peut-être dans sa tasse une monade qui deviendrait un jour une âme raisonnable.
2 Parmi les raisons sur lesquelles Leibnitz établit son système, il appuie beaucoup sur ce que dans les autres hypothèses on ne saurait expliquer les phénomènes.
3 En voici un exemple. Après avoir remarqué avec raison, § 5, que les êtres simples ne peuvent point remplir d'espace, il fait dire à Leibnitz, § 8, qu'il faut une raison suffisante pour qu'un être simple soit dans un endroit plu-

ARTICLE PREMIER.
Sur quels principes de ce système la critique doit s'arrêter.

Il y a deux inconvénients à éviter dans un système ; l'un de supposer les phénomènes qu'on entreprend d'expliquer, l'autre d'en rendre raison par des principes qui ne se conçoivent pas mieux que les phénomènes. Les Cartésiens tombent dans le premier, lorsqu'ils disent qu'une substance n'est étendue que parce qu'elle est composée de substances étendues : mais les Leibnitiens tombent dans le second, si, lorsqu'ils disent qu'une substance n'est étendue que parce qu'elle est l'agrégat de plusieurs substances inétendues, ils ne conçoivent pas mieux la substance inétendue, que celle qu'on

---

tôt que dans un autre ; que chacun d'eux, § 14, occupe un point dans l'espace, que par là plusieurs ensemble remplissent l'espace, et produisent l'étendue. *Un être simple ne remplit point d'espace*, dit-il ensuite, § 49, *mais plusieurs ensemble remplissent un espace. Peut-on se contredire plus manifestement ?* Il emploie plusieurs paragraphes pour prouver que cela est contradictoire. Pense-t-il donc que Leibnitz ait pu tomber dans une absurdité aussi grossière ? Il faudrait être bien sûr de son fait avant d'attribuer de pareilles méprises à un homme d'autant d'esprit, et qui, à tous égards, fait beaucoup d'honneur à l'Allemagne. Pour moi, plus j'étudie le système des monades, plus je vois que tout y est lié. Il pèche, mais c'est par des endroits que M. Justi n'a pas relevés. L'exposition que j'en ai donnée suffit pour faire évanouir toutes les contradictions que ce critique croit y apercevoir. Il ne paraît pas avoir apporté assez de soin pour saisir toujours la pensée de Leibnitz ; et, quand il la saisit, il la combat avec des raisons qui ne me semblent ni assez claires ni assez solides. Pour réfuter, par exemple, ce principe, *il y a des composés ; donc, il y a des êtres simples*, il fait, § 22, 23, 24 un raisonnement dont voici le précis. Le simple est une notion géométrique, le composé est une notion métaphysique. Or l'objet de la géométrie est imaginaire, celui de la métaphysique est réel. Donc, la conclusion de Leibnitz mêle quelque chose d'imaginaire à quelque chose de réel. Donc, elle est fausse. *En considérant avec attention l'explication du composé*, dit-il, § 25, *on ne peut penser à rien qui pourrait nous mener à l'idée du simple. Les êtres composés sont des êtres qui ont des parties. La première conclusion ne peut donc être que celle-ci ; là où il y a des composés, il y a aussi des parties. Or l'idée de partie ne nous conduit point encore à l'idée du simple. Les êtres simples sont des êtres qui n'ont point de parties : donc, pour aller plus loin, il faudrait conclure, là où il y a des parties, il n'y a point de parties ; ce qui ferait une contradiction manifeste. L'essence du composé*, dit-il encore, § 30, *consiste nécessairement dans sa composition. Ce qui se présente le premier à notre esprit, quand nous réfléchissons sur une chose, et ce qui fait qu'elle est ce qu'elle est, c'est son essence. Rien que la composition se présente le premier à notre pensée, quand nous considérons des composés, et c'est la composition uniquement qui en fait des êtres composés. Donc, l'essence des composés consiste dans la composition.* C'est de pareils raisonnements que M. Justi infère qu'on peut rendre raison des composés sans avoir recours à des êtres simples. Au reste, je crois devoir avertir que cet auteur a écrit en Allemand, et que je ne puis juger de sa dissertation que par la traduction que l'Académie de Berlin a fait imprimer à la suite.

CHAPITRE VIII

suppose réellement étendue. En effet, serait-on plus avancé de dire avec eux, que le phénomène de l'étendue a lieu, parce que les premiers éléments des choses sont inétendus, que de dire avec les Cartésiens, qu'il y a de l'étendue, parce que les premiers éléments des choses sont étendus ?

Je conviens que le composé, toujours composé jusque dans ses moindres parties, ou plutôt jusqu'à l'infini, est une chose où l'esprit se perd. Plus on analyse cette idée, plus elle paraît renfermer de contradictions. Remonterons-nous donc à des êtres simples ? mais comment les imaginerons-nous ? Sera-ce en niant d'eux tout ce que nous savons du composé ? En ce cas, il est évident que nous ne les concevons pas mieux que le composé. Si on ne conçoit pas ce que c'est qu'un corps, on ne conçoit pas davantage un être dont on ne peut dire autre chose, sinon qu'aucune qualité du corps ne lui appartient. Il faut donc, pour concevoir les monades, non seulement savoir ce qu'elles ne sont pas, il faut encore savoir ce qu'elles sont. Leibnitz a bien senti que c'était une obligation pour lui, de remplir ce double objet. Aussi a-t-il fait tous les efforts dont il était capable, dans la vue de faire connaître ses monades par quelques qualités positives. Il a cru y découvrir deux choses, une force et des perceptions dont le caractère est de représenter l'univers. S'il donne une idée de cette force et de ces perceptions, il fera concevoir ses monades et il sera fondé à s'en servir pour l'explication des phénomènes. Mais si cette force et ces perceptions sont des mots qui n'offrent rien à l'esprit, son système devient tout-à-fait frivole. Il se réduit à dire qu'il y a de l'étendue, parce qu'il y a quelque chose qui n'est pas étendu ; qu'il y a des corps, parce qu'il y a quelque chose qui n'est pas corps, etc. Je vais donc me borner à examiner ce que disent les Leibnitiens pour établir la force et les perceptions des êtres simples.

ARTICLE II.
*Qu'on ne sauront se faire l'idée de ce que Leibnitz appelle **la force** des monades.*

Pour juger si nous avons l'idée d'une chose, il ne faut souvent que consulter le nom que nous lui donnons. Le nom d'une cause connue, la désigne toujours directement : tels sont les mots de *ba-*

lancier, roue, etc. Mais, quand une cause est inconnue, la dénomination qu'on lui donne, n'indique jamais qu'une cause quelconque avec un rapport à l'effet produit, et elle se forme toujours des noms qui marquent l'effet. C'est ainsi qu'on a imaginé les termes de force centrifuge, centripète, vive, morte, de gravitation, d'attraction, d'impulsion, etc. Ces mots sont fort commodes ; mais, pour s'apercevoir combien ils sont peu propres à donner une vraie idée des causes qu'on cherche, il n'y a qu'à les comparer avec les noms des causes connues.

Si je disais : la possibilité du mouvement de l'aiguille d'une montre a sa raison suffisante dans l'essence de l'aiguille ; mais, de ce que ce mouvement est possible, il n'est pas actuel ; il faut donc qu'il y ait dans la montre une raison de son actualité : or, cette raison, je l'appelle *roue, balancier*, etc. ; si, dis-je, je m'expliquais de la sorte, donnerais-je une idée des ressorts qui font mouvoir l'aiguille ?

Une substance change. Il y a donc en elle une raison de ses changements. J'en conviens : je consens encore qu'on appelle cette raison du nom de force, pourvu qu'avec ce langage on ne s'imagine pas m'en donner la notion.

J'ai quelque sorte d'idée de ma propre force quand j'agis, je la connais au moins par conscience. Mais, lorsque j'emploie ce mot pour expliquer les changements qui arrivent aux autres substances, ce n'est plus qu'un nom que je donne à la cause inconnue d'un effet connu. Ce langage nous fera connaître l'essence des choses, quand les notions imparfaites que j'ai données des *roues, balanciers*, etc., formeront des horlogers.

Si notre âme agissait quelquefois sans le corps, peut-être nous ferions-nous une idée de la force d'une monade : mais, toute simple qu'elle est, elle dépend si fort du corps, que son action est en quelque sorte confondue avec celle de cette substance. La force que nous éprouvons en nous-mêmes, nous ne la remarquons point comme appartenant à un être simple, nous la sentons comme répandue dans un tout composé. Elle ne peut donc nous servir de modèle pour nous représenter celle qu'on accorde à chaque monade.

Mais souvent c'est assez de donner à une chose que nous ne connaissons point le nom d'une chose connue, pour nous imaginer les connaître également. Rien ne nous est plus familier que la force que nous éprouvons en nous-mêmes ; c'est pourquoi les Leibnitiens ont cru se faire une idée du principe des changements de chaque substance en lui donnant le nom de force. Il ne faut donc pas s'étonner s'ils s'embarrassent de plus en plus, à proportion qu'ils veulent pénétrer davantage la nature de cette force. D'un côté, ils disent qu'elle est un effort, et de l'autre, qu'elle ne trouve point d'obstacles. Mais, par la notion que nous avons de ce qu'on nomme effort et obstacle, l'effort est inutile, dès qu'il n'y a point d'obstacle à vaincre. Par conséquent, s'il n'y a point de résistance dans les êtres simples, il n'y a point de force ; ou, s'il y a une force, il y a aussi une résistance.

De tout cela il faut conclure que Leibnitz n'est pas plus avancé de reconnaître une force dans les êtres simples, que s'il s'était borné à dire qu'il y a en eux une raison des changements qui leur arrivent, quelle que soit cette raison. Car, ou le mot de force n'emporte pas d'autre idée que celle d'une raison quelconque, ou, si on lui veut faire signifier quelque chose de plus, c'est par un abus visible des termes, et on ne saurait faire connaître les idées qu'on y attache. On voit ici les défauts ordinaires aux systèmes abstraits, des notions vagues et des choses qu'on ne connaît pas, expliquées par d'autres qu'on ne connaît pas davantage.

Article III.
Que Leibnitz ne prouve pas que les monades ont des perceptions.

Notre âme a des perceptions, c'est-à-dire qu'elle éprouve quelque chose quand les objets font impression sur les sens. Voilà ce que nous sentons : mais la nature de l'âme et la nature de ce qu'elle éprouve, quand elle a des perceptions, nous sont si fort inconnues, que nous ne saurions découvrir ce qui nous rend capables de perceptions. Comment donc l'idée imparfaite que nous avons de l'âme pourrait-elle nous faire comprendre que d'autres êtres ont des perceptions comme elle ? Pour expliquer la nature des monades par la notion de notre âme, ne faudrait-il pas trouver dans cette notion la nature même de cette substance ?

Les monades et les âmes sont des êtres simples : voilà en quoi elles conviennent, c'est-à-dire, qu'elles conviennent en ce qu'elles excluent également l'étendue et les qualités qui en dépendent, telles que la figure, la divisibilité, etc. Mais, de ce que des êtres s'accordent à n'avoir pas certaines qualités, s'ensuit-il qu'ils doivent s'accorder à avoir à d'autres égards les mêmes ? Et cette conséquence serait-elle bien juste ? Les monades sont comme nos âmes, en ce qu'elles ne sont ni étendues ni divisibles ; donc elles ont comme elles des perceptions.

Concluons que, pour décider des qualités communes aux âmes et aux monades, ce n'est point assez de concevoir ces substances comme inétendues, il faudrait encore concevoir la nature des unes et des autres. Les explications de Leibnitz sont donc encore ici défectueuses.

ARTICLE IV.
Que Leibnitz ne donne point d'idée des perceptions qu'il attribue à chaque monade.

Qu'est-ce qu'une perception ? C'est, comme je viens de le dire, ce que l'âme éprouve quand il se fait quelque impression dans les sens. Cela est vague, et n'en fait point connaître la nature, j'en conviens ; et, après cet aveu, on n'a plus de questions à me faire. Mais, veux-je attribuer des perceptions à un être différent de notre âme ? on me dira que ce n'est pas assez, pour en donner une idée, de rappeler à ce que nous éprouvons, et qu'il faut encore les faire connaître en elles-mêmes. En effet, tant qu'elles ne sont connues que par la conscience que nous en avons, nous ne saurions être fondés à en attribuer à d'autres êtres qu'à ceux que nous pouvons supposer en avoir conscience.

Si je disais donc avec Leibnitz que les perceptions sont les différents états par où les monades passent, on m'objecterait que le mot d'état est encore trop vague. Si j'ajoutais, pour en déterminer le sens, que ces états représentent quelque chose, et que par là les monades sont comme des miroirs qui réfléchissent sans cesse de nouvelles images, on insisterait encore. Quelles sont, me demanderait-on, les idées que signifient *représenter, miroir, images,* pris dans le propre ? Des figures, telles que la peinture et la sculpture en retracent. Mais il ne peut rien y avoir de semblable dans un être simple. Par conséquent, ajouterait-on, vous ne prenez pas ces mots dans le propre, quand vous parlez des monades ; mais, si vous leur ôtez la première idée que vous leur avez fait signifier, quelle est celle, que vous prétendez y substituer ?

En effet, ces termes, en passant du propre au figuré, n'ont plus qu'un rapport vague avec le premier sens qu'ils ont eu. Ils signifient qu'il y a des représentations dans, les êtres simples, mais des représentations toutes différentes de celles que nous connaissons, c'est-à-dire, des représentations dont nous n'avons point d'idée. Dire que les perceptions sont des états représentatifs, c'est donc ne rien dire.

Qu'est-ce en effet que représente l'état d'une monade ? c'est l'état des autres monades. Ainsi, l'état de la monade A représente ceux des monades B, C, D, etc. Mais je n'ai pas plus d'idée des états de B, C, D, etc., que de celui d'A. Par conséquent, dire que l'état d'A représente ceux de B, C, D, etc., c'est dire qu'une chose que je ne connais pas, en représente d'autres que je ne connais pas mieux.

Ce sont proprement les qualités absolues qui appartiennent aux êtres, et qui les constituent ce qu'ils sont. Quant aux rapports que nous y voyons, ils ne sont point à eux ; ce ne sont que des notions que nous formons lorsque nous comparons leurs qualités. C'est donc par les qualités absolues qu'il les faut d'abord faire connaître. S'y prendre autrement, c'est avouer tacitement qu'on n'en a aucune notion. On parlera des rapports qu'on suppose entre eux, mais ce ne sera que d'une manière bien vague. C'est ainsi qu'on pourrait prétendre donner l'idée de plusieurs tableaux, en disant qu'ils se représentent réciproquement les uns les autres. Or Leibnitz ne fait pas connaître les monades parce qu'elles ont d'absolu. Tous ses efforts aboutissent à imaginer entre elles des rapports qu'il ne saurait déterminer qu'avec le secours des termes vagues et figurés de *miroir*, de *représentation*. Il n'en a donc point d'idée.

La méprise de ce philosophe, en cette occasion, c'est de n'avoir pas fait attention que des termes, qui dans le propre ont une signification précise, ne réveillent plus que des notions fort vagues, quand on s'en sert dans le figuré. Il a cru rendre raison des phénomènes, lorsqu'il n'emploie que le langage peu philosophique des métaphores ; et il n'a pas vu que, quand on est obligé d'user de ces sortes d'expressions, c'est une preuve qu'on n'a point d'idée de la chose dont on parle. Ces méprises sont ordinaires à ceux qui font des systèmes abstraits.

ARTICLE V.

Qu'on ne comprend pas comment il y aurait une

infinité de perceptions dans chaque monade,
ni comment elles représenteraient l'univers.

Plus Leibnitz fait d'efforts pour faire comprendre ce qu'il croit entendre par le mot de *perception*, plus il embarrasse l'idée qu'il en veut donner.

La liaison qui est entre tous les êtres de l'univers, lui fait juger qu'il n'y a point de raison pour borner les représentations qui se font dans les monades. Chaque représentation tend, selon lui, à l'infini, et chacune de nos perceptions en enveloppe une infinité d'autres. Ainsi, dans une monade, il y a des infinis d'une infinité d'ordres différents. Dans, A, il y a une infinité de perceptions pour représenter les perceptions de B ; dans B, une autre infinité pour représenter celles de C, et ainsi à l'infini. A, à son tour, est représenté dans B, C, etc. ; et, de même que cette monade représente toutes les autres, elle est représentée dans chacune ; en sorte qu'il n'y a pas de portion de matière où elle ne soit représentée une infinité de fois, et qui ne lui fournisse une infinité de perceptions. On voit par-là de combien d'infinités de manières les perceptions se combinent dans chaque être.

Il y aurait bien des remarques à faire sur l'infini : pour abréger, je me bornerai à dire que c'est un nom donné à une idée que nous n'avons pas, mais que nous jugeons différente de celle que nous avons. Il n'offre donc rien de positif, et ne sert qu'à rendre le système de Leibnitz plus inintelligible.

Ce philosophe a beau appuyer sur la liaison de tous les êtres de l'univers, on ne comprendra jamais qu'ils se concentrent tous dans chacun d'eux, et que le tout soit représenté si parfaitement dans chaque partie, que qui connaîtrait l'état actuel d'une monade, y verrait une image distincte et détaillée de ce qu'est l'univers, de ce qu'il a été et de ce qu'il sera. Si cette représentation avait lieu, ce ne serait qu'en vertu de la force que Leibnitz attribue à chaque monade : mais cette force ne peut rien produire de semblable.

Ou les monades agissent réciproquement les unes sur les autres, en sorte qu'il y a entre elles des actions et des passions réciproques (suppositions que quelques Leibnitiens ne rejettent pas [1]) ; ou elles paraissent seulement agir de la sorte.

Dans le premier cas, on voit dans une monade toute la force active qui lui appartient, et tout ce qu'elle peut produire, en supposant qu'elle ne trouve point d'obstacle. On voit encore toute la résistance qu'elle oppose à toute action qui viendrait d'un principe externe ; mais on n'y saurait voir l'état et la liaison de tous les êtres. Ces états et cette liaison consistent dans des rapports d'action et de passion. La force d'une monade ne produit pas au-dehors tout l'effet dont elle serait capable ; elle n'y produit qu'un effet proportionné à la résistance qu'elle y trouve. Afin de connaître comment, par son action, elle est liée avec le reste de l'univers, il ne suffit donc pas de l'apercevoir, il faut encore apercevoir toutes les autres substances. On ne peut donc voir dans une seule monade l'état et la liaison de toutes les monades, supposé qu'elles agissent ou pâtissent réciproquement.

On ne le peut pas davantage, si comme le pense Leibnitz, les actions et les passions ne sont qu'apparentes. Dans cette supposition, une monade ne dépend d'aucun être ; elle est par elle-même, et par un effet de sa propre force, tout ce qu'elle est, et renferme en elle le principe de tous ses changements. Celui qui n'en verrait qu'une, ne devinerait seulement pas qu'il y eût autre chose.

Mais, dira Leibnitz, c'est une suite de l'harmonie préétablie, que chaque monade ait des rapports avec tout ce qui existe. J'en conviens. Donc, l'état où elle se trouve, exprime et représente ces rapports ; donc il représente l'univers entier. Je nie la conséquence.

Si je disais : un côté d'un triangle a des rapports aux deux autres côtés et aux trois angles ; donc, ce côté représente la grandeur des deux autres, et la valeur de chaque angle en particulier ; on verrait sensiblement le faux de cette conséquence. Chacun sait que, pour se représenter pareille chose, la connaissance d'un côté n'est pas suffisante. Je dis également que la représentation de l'univers ne peut être renfermée dans la connaissance d'une seule monade. En

---

1 M. Wolf entre autres.

Étienne Bonnot de Condillac

vain l'état de cette monade a des rapports avec l'état de toutes les autres ; la suprême intelligence même, si elle ne connaissait qu'elle, ne saurait rien découvrir au-delà. Il faut, à la connaissance d'un côté, ajouter celle de deux angles, si on veut avoir une idée de tout ce qui concerne un triangle ; de même, pour pouvoir découvrir l'état actuel de chaque être en particulier, il faut, à la connaissance d'une monade, joindre celle de l'harmonie générale de l'univers. Une monade ne représente donc pas proprement le monde entier, mais, par la comparaison qu'on ferait de son état avec l'harmonie générale, on pourrait juger de l'état de tout ce qui existe.

Dieu a voulu créer tel monde ; en conséquence tous les êtres ont été subordonnés à cette fin, et l'état de chacun a été déterminé. Il en est de même si je forme le dessein d'écrire un nombre, celui, par exemple, de 123489, le choix et la situation des caractères sont aussitôt déterminés. Dieu a donc eu des raisons pour disposer les éléments, comme j'en ai pour arranger mes chiffres. Mes raisons sont subordonnées au dessein d'écrire tel nombre ; et quelqu'un qui ignorerait ce dessein, et qui ne verrait que le chiffre 2 ; ne connaîtrait aucune des autres parties. Les raisons de Dieu sont subordonnées au dessein de créer tel monde, et celui qui ignorerait ce décret ne pourrait jamais, avec la connaissance parfaite d'une substance, découvrir sûrement, je ne dis pas l'état du monde entier, mais de la moindre de ses parties.

M. Wolf n'a pas jugé à propos d'accorder des perceptions à toutes les monades : il n'en admet que dans les âmes. Mais tout est si bien lié, dans le système de Leibnitz, qu'il faut, ou tout recevoir, ou tout rejeter.

D'un côté, le disciple convient avec son maître, que les perceptions de l'âme ne sont que les différents états par où elle passe ; et que ces états sont représentatifs des objets extérieurs, parce qu'on en peut rendre raison par l'état même de ces objets. D'un autre côté, il admet dans chaque substance une suite de changements, dont chacun peut s'expliquer par l'état des objets extérieurs. Pourquoi donc ne reconnaît-il pas encore que ces changements sont représentatifs ? Pourquoi leur refuse-t-il le nom de perception ? Il a d'autant plus de tort que c'est le même principe qui produit les perceptions de l'âme et les changements des autres êtres : c'est cette force qu'il croit être le propre de chaque substance. Si cette force peut produire, dans quelques êtres, des changements qui ne soient pas des perceptions, sur quel fondement pourra-t-il assurer, comme il le fait, que l'âme a toujours des perceptions ?

Leibnitz, plus conséquent, admet des perceptions jusque dans le corps. Il a, en quelque sorte, des perceptions, dit-il. L'*en quelque sorte*, qu'il ajoute pour adoucir la conséquence, ne signifie rien. Ou la force motrice qui agit dans le corps, y produit des changements représentatifs de l'univers, ou non. Dans le premier cas, les perceptions ont lieu ; dans le second, il n'y en a point.

Mais, afin que cette représentation se transmette, sans qu'il y ait de saut, il faut que la différence d'un corps à l'autre soit infiniment petite ; que chaque corps organisé soit composé de corps organisés ; que, jusqu'à l'infini, les moindres parties de matière soient de véritables machines, et qu'enfin chaque corps ait une entéléchie dominante, et chaque monade un corps.

Il ne me paraît pas qu'on puisse ici suivre Leibnitz ; je ne saurais surtout comprendre que chaque monade ait un corps. Celles d'où résultent les corps les moins composés, comment pourraient-elles en avoir ? Je n'imaginerais la chose qu'en employant les mêmes monades à deux usages, à former les composés et à les animer. Mais Leibnitz n'a jamais rien dit de pareil.

Ce philosophe ne donne aucune notion de la force de ses monades ; il n'en donne pas davantage de leurs perceptions ; il n'emploie à ce sujet que des métaphores ; enfin, il se perd dans l'infini. Il ne fait donc point connaître les éléments des choses ; il ne rend proprement raison de rien, et c'est à-peu-près comme s'il s'était borné à dire qu'il y a de l'étendue, parce qu'il y a quelque chose qui n'est pas étendue ; qu'il y a des corps, parce qu'il y a quelque chose qui n'est pas corps, etc.

C'est ainsi qu'en voulant raisonner sur des objets qui ne sont pas à notre portée, on se trouve, après bien des détours, au même point d'où on était parti. Parce que j'ai réfuté le système de Leibnitz, quelques Leibnitiens ont dit que je ne l'ai pas entendu. Si cela est, le système des monades, tel que je l'ai exposé, est donc de moi. Je ne le désavouerai pas ; mais il n'en prouvera pas moins l'abus des systèmes abstraits.

Étienne Bonnot de Condillac

CHAPITRE IX.
Septième exemple,
Tiré d'un ouvrage qui a pour titre, *de la Prémotion physique, ou de l'action de Dieu sur les Créatures*.

Ce n'est pas assez d'avoir recours à la matière pour se faire une idée de l'esprit, ou à l'esprit pour se faire une idée de la matière. Cela pouvait suffire à Malebranche et à Leibnitz ; mais voici un philosophe qui se met plus à son aise. Dans la vue de rendre raison de l'origine et de la génération de nos connaissances et de nos amours, il établit trois principes. Par le premier, il prétend que toutes nos connaissances et tous nos amours sont autant d'êtres distincts. Par le second, il veut que nous n'acquérions de nouvelles connaissances, et que nous ne formions de nouveaux amours, qu'autant que Dieu en crée l'être pour l'ajouter à celui de notre âme ; et par le troisième (imaginé afin de maintenir l'activité de l'âme, que les deux autres paraissent détruire), il tâche de faire voir que Dieu, en créant de nouveaux êtres de connaissance ou d'amour, se sert du premier être de notre âme pour le faire concourir à cette création.

Je ne suivrai pas ces principes dans toutes leurs conséquences ; j'examinerai seulement s'ils n'ont pas les défauts ordinaires à tous les principes abstraits. L'auteur raisonne ainsi, pour établir le premier.

La matière, dit-il, acquiert de nouvelles modalités, sans acquérir de nouveaux degrés d'être. Cette boule de cire devient, entre mes doigts, triangulaire ou carrée. Mais ces figures ne sont pas des êtres différents des parties de la cire, elles n'en sont que les parties disposées différemment. La variété se trouve donc uniquement dans la situation des parties, et les êtres sont toujours les mêmes et en égal nombre.

Mais je ne dois pas raisonner de même de mon âme. Elles est simple, elle n'a point de parties. Ce n'est donc pas le différent arrangement des parties, qui fait ses modalité et ses actions différentes, comme il fait les différentes modalités du corps. Il faut, par conséquent, que les modalités de l'âme soient différents degrés d'être, c'est-à-dire, que Dieu, qui ne la conserve que parce qu'il la crée à chaque instant, la produit, tantôt avec certain degré d'être, tantôt avec un autre ; et que, lorsque sans dépouiller l'âme de ce qu'elle avait, il lui ajoute de nouvelles modalités, ce sont de nouveaux degrés d'être qu'il lui ajoute.

Quand on passe, dit encore cet écrivain, d'une moindre connaissance à une connaissance plus étendue, de l'indifférence à l'amour, de la douleur au plaisir, l'âme ne demeure pas la même ; elle ne passe pas du néant au néant, son changement est réel. Cependant, puisqu'elle est simple, elle ne peut réellement changer qu'autant qu'elle reçoit quelque degré d'être nouveau, ou qu'elle perd quelque degré d'être ancien. Car je ne conçois, ajoute-t-il, des modalités réellement différentes dans un même être, qu'en deux manières ; l'une, par le différent arrangement des parties, ce qui ne convient qu'à la matière ; l'autre, par des degrés d'êtres ajoutés ou retranchés, ce qui doit convenir à l'âme.

C'est de ces raisons, étendues plus ou moins, que cet auteur a conclu que toutes nos connaissances, tous nos amours, tous nos degrés de connaissance, tous nos degrés d'amour sont autant d'êtres ou de degrés d'être ; ce dont il se sert comme d'un principe incontestable.

Quand je suis bien rempli de ce système, je me fais un vrai plaisir d'ouvrir, de fermer et de rouvrir sans cesse les yeux. D'un clin d'œil, je produis, j'anéantis, et je reproduis des êtres sans nombre. Il semble encore qu'à tout ce que j'entends, je sente grossir mon être : si j'apprends, par exemple, que dans une bataille il est resté dix mille hommes sur la place, dans le moment, mon âme augmente de dix mille degrés d'êtres, un pour chaque homme tué. Si elle n'augmentait que de neuf mille neuf cent quatre-vingt-dix-neuf degrés, je ne saurais pas que le dix millième a péri : car la connaissance de la mort de ce dix millième n'est pas *un néant, un rien, une chimère* ; *c'est un être, une réalité, un degré d'être.* Tant il est vrai que dans ce système mon âme fait son profit de tout. Il y a là bien de la philosophie.

C'est grand dommage que ce système soit inintelligible ; c'est dommage que l'auteur ne puisse donner aucune idée de ces êtres, qu'il fait si fort valoir, et qu'il multiplie avec tant de prodigalité. Comprenons-nous qu'à chaque instant, de nouveaux êtres soient ajoutés à notre substance, et ne fassent avec elle qu'un seul être indivisible ? Comprenons-nous qu'on puisse retranchée quelque chose d'une substance qui n'est pas composée, ou qu'on lui puisse ajouter quelque chose sans qu'elle perde sa simplicité ? Je ne conçois pas, direz-vous, que la chose puisse se faire autrement. Je le veux : mais concevez-vous qu'elle puisse se faire comme vous le dites ? Avez-vous quelque idée de ces entités ajoutées à l'âme, qui, sans lui ôter sa simplicité, l'augmenteraient des millions de fois ? Non sans doute. Il vaudrait donc autant laisser la question sans la résoudre, que de le faire d'une façon où nous ne comprenons rien ni l'un ni l'autre.

Mais passons au second principe. L'auteur va prouver que c'est Dieu qui crée tous les êtres dont notre âme peut augmenter à chaque instant.

On ne donne point, dit-il, *ce qu'on n'a point, ni par conséquent plus qu'on n'a* ; ou, pour le rendre autrement, *avec le moins on ne fait pas le plus*. De là il infère qu'une intelligence créée n'augmentera jamais toute seule son être ; que n'ayant, par exemple, que quatre degrés d'être dans le moment A, elle ne s'en donnera pas un cinquième dans le moment B : car elle se donnerait ce qu'elle n'a point, elle donnerait plus qu'elle n'a ; avec le moins elle ferait le plus. Si elle n'a donc, dans le moment A, que la puissance de connaître et d'aimer, elle ne formera pas toute seule, dans le moment B, un acte de connaissance ou d'amour, puisque, par la supposition, cet acte est un être qu'elle n'a pas.

L'auteur étend et retourne ce raisonnement de mille manières différentes ; et il lui applique encore cet autre principe, *qu'une cause doit contenir son effet*. Or un esprit qui n'a pas une connaissance, ne la contient pas ; donc, il ne se la donnera pas tout seul. Si, par exemple, il n'a qu'une connaissance, il ne fera jamais tout seul un jugement, ni un raisonnement ; car, pour un jugement, il faut deux connaissances, et trois pour un raisonnement. Or un ne contient pas deux, il ne contient pas trois. Un esprit qui n'a qu'une connaissance ne s'en donnera donc pas tout seul une seconde ni une troisième.

Cet écrivain raisonne de la même manière sur les différents amours qui naissent dans le cœur humain, et conclut que l'âme n'acquiert une connaissance, et ne forme un acte d'amour, que quand Dieu crée l'être de l'un et de l'autre, et l'ajoute à sa substance.

La première fois que je fis l'extrait de ce système, j'appliquais, sans m'en apercevoir, à la puissance, ce que son auteur ne dit que de l'acte ; et je concluais que l'âme ne peut pas se donner un acte de connaissance ou d'amour. Je ne sus par quelle distraction cette méprise m'était échappée, car je croyais avoir lu ce système avec attention. Je travaillai à un nouvel extrait, mais je remarquai qu'il fallait me tenir sur mes gardes pour ne pas retomber dans la même faute. J'en cherchai la cause, et je crus la découvrir, lorsqu'en repassant sur les principes, il me parut aussi naturel d'en inférer que l'âme ne pourrait se donner une connaissance ni un amour, que d'en conclure seulement qu'elle ne se donnerait ni l'un ni l'autre. Si, disais-je, on ne donne pas ce qu'on n'a pas, si on ne donne pas plus qu'on n'a, si avec le moins on ne fait pas le plus, si une cause doit contenir son effet ; donc, l'âme qui n'a pas une telle connaissance, ni un tel amour, qui a moins que cette connaissance et que cet amour, qui ne contient ni cette connaissance ni cet amour ne pourra se donner ni l'un ni l'autre. Si ces principes sont vrais, *on ne donne point ce qu'on n'a point, on ne donne pas plus qu'on n'a, avec le moins on ne fait pas le plus* : ceux-ci ne le paraissent pas moins, *on ne peut pas donner ce qu'on n'a pas, on ne peut pas donner plus qu'on n'a, avec le moins on ne peut pas faire le plus* ; d'où certainement on peut conclure que l'âme ne pourra pas se donner une connaissance ni un amour quelle n'a point encore.

Je continuais et je disais : non seulement l'âme ne se donnera toute seule ni l'un ni l'autre, elle ne se les donnera pas même avec le secours de Dieu, elle ne concourra pas à leur production. Pour concourir, il ne suffit pas qu'elle produise en partie l'acte de connaissance ou celui d'amour, il faut qu'elle le produise en entier, et qu'elle soit cause totale, ainsi que Dieu. Mais, si on ne donne point ce qu'on n'a point, comment concourra-t-on à donner en entier ce qu'on n'a point ? Si on ne donne pas plus qu'on n'a, si avec le moins on ne fait pas le plus, comment concourra-t-on à donner en entier ce qu'on n'a qu'en partie ? J'eus recours à l'auteur, parce que, dans la vue d'accorder son système avec l'activité de l'âme, il tâche plusieurs fois de satisfaire à cette difficulté. Il va donc entreprendre de prouver que Dieu, en créant en nous un nouvel être de connaissance ou d'amour, se sert des degrés d'être qu'il trouve dans notre âme, et les fait concourir à cette production. C'est son troisième principe.

« On conçoit, dit-il [1], sans beaucoup de peine, que Dieu opérant dans l'âme tout ce qu'elle a d'être, de connaissance ou d'amour, met en œuvre les degrés d'être qui y sont déjà, et fait en sorte qu'un de ces degrés influe réellement dans la production d'un autre ; qu'une ancienne connaissance influe dans la production d'une nouvelle ; que les degrés qui étaient déjà dans l'âme, coopèrent et contribuent avec ce que Dieu y ajoute, pour former une nouvelle action ; qu'en un mot, Dieu donnant à l'âme tout ce qu'elle a de réalité, il fasse néanmoins que ses actions soient réellement, physiquement, immédiatement produites par l'âme même ».

Il tâche encore d'expliquer la chose de la manière suivante : « Dieu, dit-il, tire du fond de notre âme un nouveau degré de connaissance, qui s'unit, qui s'incorpore avec l'ancien, qui le développe, qui le dilate. Car, ce qui est fort à remarquer, ce nouveau degré n'est que le développement de l'ancien. Mais, ce qui fournit ce nouveau degré, c'est l'attention actuelle, et la connaissance réfléchie, qui par là coopèrent et contribuent à cette connaissance nouvelle ».

« La même chose, continue-t-il se doit dire de l'amour. Lorsque nous aimons un bien comme notre fin, et qu'il s'agit d'augmenter cet amour, les anciens degrés d'amour contribuent à former le plus grand amour. C'est l'amour réfléchi, je veux dire, la volonté d'aimer, ou l'amour de l'amour, qui fournit et qui fait usage de ces anciens degrés ».

Il apporte pour exemple l'amour de Dieu [2], et il fait remarquer qu'avant de le former, nous trouvons en nous l'idée de l'être infiniment parfait, et qu'en aimant les créatures mêmes, nous aimons plusieurs des perfections de la divinité. Nous voudrions, dit-il, posséder les créatures véritablement, éternellement, immuablement, infiniment. Nous aimons donc la vérité, l'éternité, l'immutabilité, l'infinité ; et il ne nous manque plus qu'à aimer les autres perfections de Dieu, telles que sa justice et sa sainteté. Or, pour nous donner ces derniers amours, Dieu ne détruit pas les premiers qui sont bons en qualité d'êtres. Il s'en sert, au contraire, aussi bien que de l'idée de l'être infiniment parfait, et il produit par eux et par

1 Tome 1, pag. 19 et 25.
2 Tome 2, page 196,

cette idée ce qui manque à ces amours pour devenir l'amour de Dieu.

Enfin, il cherche une dernière solution à cette difficulté dans l'idée de l'être infiniment parfait. Il croit qu'il suffit de considérer cette idée, pour apercevoir comment nos premières connaissances influent dans les dernières. « Puisque nous connaissons, dit-il [1], le fini par l'infini, toutes nos connaissances se réunissent dans celle de l'être des êtres. Ainsi, quand Dieu nous donne une nouvelle connaissance, il ne la place pas dans l'âme, comme détachée et indépendante de cette idée primitive ; il la tire de cette connaissance foncière ; il fait que cette idée innée s'étend, se développe, et s'augmente ; et il fait, par ce moyen, que l'âme est une cause véritable, réelle et efficiente ».

Ces réponses me donnèrent une nouvelle matière à réflexions. Oui, dis-je, je conçois sans beaucoup de peine qu'une connaissance et un amour peuvent contribuer, et contribuent en effet à une autre connaissance et à un autre amour : mais ce n'est que lorsque je consulte l'expérience, qui me le rend tous les jours sensible. Au contraire, dans vos principes la chose me paraît tout-à-fait inconcevable.

Mon âme (je le suppose avec vous) n'a que quatre degrés d'être dans le moment A ; il s'agit qu'elle en ait cinq dans le moment B. Or elle n'a point ce cinquième degré ; aucun des quatre premiers ne le contient : donc, ni elle ni les quatre premiers degrés ne formeront le cinquième, si Dieu ne le produit lui-même : vous en convenez. Mais j'ajoute que Dieu, en le créant, ne fera pas qu'elle se le donne, ou qu'elle concoure à sa production ; car Dieu emploierait inutilement sa toute-puissance pour me faite donner ce que je n'ai pas. Dieu ne saurait faire qu'un principe vrai devienne faux ; ce qui pourtant arriverait s'il dépendait de lui que l'âme se donnât ce qu'elle n'a pas, ou plus qu'elle n'a.

Plus je repasse vos paroles, plus je trouve de difficultés. *Dieu*, dites-vous, *met en œuvre les premiers degrés d'être qui sont déjà dans l'âme*. Ne croirait-on pas, à ce langage, qu'il n'y a que lui qui agisse, et que les premiers êtres sont entre les mains de Dieu comme quelque chose de purement passif, comme l'argile entre les mains du potier. Vous ajoutez *que Dieu fait en sorte que les degrés*

1 Tome 2, page 236.

Étienne Bonnot de Condillac

qui étaient anciennement dans l'âme, coopèrent et contribuent avec ce que Dieu y ajoute ; pour former une nouvelle action. Je découvre là trois choses, 1°. la coopération des anciens degrés d'être ; 2°. ce que Dieu ajoute ; 3°. l'action qui en résulte. Par là, il paraît que ce ne sont plus ici deux causes, dont l'une est subordonnée à l'autre, et qui produisent chacune en entier la même et unique action : ce sont deux causes parallèles, qui en font chacune une partie. Car la coopération des anciens degrés, et ce que Dieu ajouteront deux choses fort distinctes. Or, ou la coopération des anciens degrés produit quelque chose, ou non. Mais que produirait-elle ? Ce n'est pas ce que Dieu ajoute ; Dieu peut seul en être la cause. Sera-ce quelque autre être ? Voilà donc quelque chose qui appartient à la créature et qu'elle produit toute seule. Ne produira-t-elle rien ? Elle ne fait donc rien ? elle n'a point de part à l'action.

Ou bien encore, les anciens degrés contiennent-ils en entier l'être de l'action ? Leur opération le produira donc toute seule ? et il est inutile que Dieu y ajoute du sien. Ne le contiennent-ils pas en entier ? Leur opération ne le produira donc pas en entier, même avec le secours de Dieu ?

Mais bien plus, qu'est-ce que Dieu ajoute, et qui est si distingué de la coopération des anciens degrés ? Est-ce la nouvelle action, en est-ce l'être ? En ce cas, le sens de votre phrase (si même elle en a) est au moins fort embarrassé ; et voici comment il la faudra rendre. *Dieu fait en sorte que les anciens degrés d'être coopèrent avec la nouvelle action qu'il ajoute lui-même, pour former cette même action.* Ajouter une action avant de la former, voilà ce que je n'entends pas. Si elle est ajoutée, elle est formée, et la coopération des anciens degrés devient inutile à sa production.

Enfin ce que Dieu ajoute, sera-ce quelque chose de moins que l'action, que l'être de l'action ? L'action n'en résultera donc jamais ? car, avec le moins on ne fait pas le plus. Ou, si elle en résulte, les anciens degrés auront produit quelque chose qu'ils ne contenaient pas ; ils auront fait quelque chose sans le secours de Dieu. Qu'est-ce donc, encore un coup, que Dieu ajoute, selon votre système ?

Les autres explications ne sont pas plus heureuses. Dieu tire, selon vous, un nouveau degré d'être du fonds de notre âme, et ce nouveau degré n'est que le développement de l'ancien. Mais on ne tirera jamais du fonds de notre âme que ce qu'elle contient ; on aura beau développer un être, il n'en sortira jamais que ce qu'il renferme. L'attention actuelle de mon âme, à laquelle vous avez recours, ou sa connaissance réfléchie, ne fera jamais éclore de son propre fonds le moindre degré de connaissance, dès qu'il n'y sera pas. J'en dis autant de votre *amour réfléchi, volonté d'aimer, amour de l'amour* : lui donnassiez-vous encore un plus grand nombre de fois le puissant nom *d'amour*, il n'en aurait pas plus le pouvoir de puiser dans mon âme ce qui, suivant vos principes, ne s'y trouve point. D'ailleurs cette attention actuelle, cette connaissance réfléchie, cet amour de l'amour, selon vous, sont autant d'êtres. Or je demande comment l'âme a contribué à leur création. Aurez-vous encore recours à une attention, à une réflexion et à un amour qui aient précédé ?

Quant à l'exemple que vous allez chercher dans l'amour de Dieu (exemple plus propre à obscurcir votre sujet qu'à l'éclaircir), je vous passe que nous aimions Dieu en aimant les créatures, je veux que nous aimions l'immutabilité, l'éternité, etc., quoique cette manière de raisonner me paraisse plus recherchée que solide : au moins est-il certain que nous n'aimons pas alors toutes les perfections de la divinité. Que pouvez-vous donc raisonnablement conclure, sinon que les premiers amours entreront dans la composition de l'amour de Dieu, dès que celui-ci occupera notre cœur ? Mais ce n'est pas assez, à votre gré ; vous voulez encore que l'amour de l'immutabilité et de l'éternité produise l'amour de la sainteté et de la bonté, quoiqu'il n'en renferme pas la réalité, et qu'une cause, selon vos principes, doive contenir tout l'être de son effet.

Il ne faut pas, direz-vous, raisonner sur l'esprit comme sur la matière. Plusieurs parties de matière entrent dans la composition d'un corps, mais elles n'influent pas les unes dans les autres. Il n'en est pas de même de l'âme ; elle est simple, et du nouveau degré de connaissance ou d'amour avec l'ancien, il ne se forme qu'un seul être. Mais pourquoi et comment cette simplicité peut-elle faire qu'un premier degré d'être influe dans le second et le produise tout entier ? C'est, répondrez-vous que celui-ci n'est que le *développement de celui-là, et qu'il y a un commerce réel et une véritable et substantielle communication de l'un à l'autre.*

Voilà des mots qui valent sans doute une démonstration. Je pourrais cependant demander si ce commerce et cette communication se trouvent entre ces êtres avant ou après la production des nouveaux, ou dans le moment même de leur création. Si c'est avant, comment peut-il y avoir quelque commerce et quelque communication entre des êtres qui existent et des êtres qui n'existent pas ? Si c'est après, les nouveaux sont donc déjà produits. Par conséquent ce commerce et cette communication viennent trop tard pour faire influer les premiers dans la production des derniers. Enfin, si c'est dans le moment même de la création que vous prétendez établir ce commerce entre les uns et les autres, bien loin qu'on puisse le regarder comme une influence de la part des anciens, il suppose au contraire les nouveaux produits par un principe étranger à nous. Avoir commerce avec un être, ou contribuer à sa création, sont deux choses bien différentes.

Mais je ne veux pas insister : je ne dirai même rien du principe dont vous vous servez, *que nous connaissons le fini par l'infini* : c'est une erreur qu'a produite le préjugé des idées innées. Je vous ferai seulement remarquer le langage que votre imagination vous fait tenir. Des êtres simples qui s'étendent, se dilatent, se développent, s'augmentent et s'incorporent ensemble : des créatures spirituelles, qui, n'ayant que quatre degrés d'êtres, ne peuvent toutes seules s'en donner un cinquième, peuvent cependant en se dilatant, en s'étendant, en se développant, fournir avec ce que Dieu ajoute, ce cinquième degré ; peuvent coopérer par leur attention actuelle, par leur connaissance réfléchie, par leur amour réfléchi, par leur volonté d'aimer, par leur amour de l'amour, à la production entière de ce nouvel être ; peuvent enfin le tirer de leur propre fonds où il n'était pas : des êtres simples dont on peut retrancher, et auxquels on peut ajouter sans craindre de nuire à leur simplicité .... Il ne vous manquait plus que de mettre entre les anciens degrés d'être de l'âme et les nouveaux qui y sont produits, un commerce réel et une véritable et substantielle communication des uns aux autres.

C'est ainsi que je raisonnais, et qu'en voyant les embarras, les obscurités et les contradictions de ce système, je me persuadais de plus en plus que les principes abstraits ne sont point propres à éclairer l'esprit, et qu'il vaudrait mille fois mieux convenir qu'on ignore les choses, que de chercher à les connaître par leur moyen.

Je m'arrêtai, et je n'eus garde de suivre l'auteur de ce système dans

CHAPITRE IX

les applications qu'il fait de ses principes à la liberté et à la grâce. On ne saurait croire combien on a imaginé à ce sujet de systèmes différents : tous portent sur des principes abstraits. Pour juger de leurs abus, on n'a qu'à jeter les yeux sur les divisions qu'ils ont causées dans l'église. Que les théologiens ne se bornent-ils à ce que la foi enseigne, et les philosophes à ce que l'expérience apprend !

CHAPITRE X.
Huitième et dernier exemple.
Le Spinozisme réfuté.

Une substance unique, indivisible, nécessaire, de la nature de laquelle toutes choses suivent nécessairement, comme des modifications qui en expriment l'essence, chacune à sa manière : voilà l'univers selon Spinoza.

L'objet de ce philosophe est donc de prouver qu'il n'y a qu'une seule substance, dont tous les êtres, que nous prenons pour autant de substances, ne sont que les modifications ; que tout ce qui arrive est une suite également nécessaire de la nature de la substance unique, et que par conséquent il n'y a point de différence à faire entre le bien et le mal moral.

Je n'entreprends pas de faire un extrait de l'Éthique de Spinoza ; il serait difficile, ou même impossible d'y réussir au gré de tous les lecteurs. Je vais traduire littéralement la première partie, parce qu'elle renferme les principes de tout le système ; j'en pèserai toutes les expressions, j'analyserai toutes les propositions qu'elle renferme. Mon dessein, en faisant des critiques qu'on ne puisse éluder, est de donner un exemple sensible de la manière dont se font les systèmes abstraits, et des abus où ils entraînent. On reconnaîtra qu'il n'y a point d'ouvrage qui y soit plus propre que celui de Spinoza.

Le titre annonce des démonstrations géométriques. Or deux conditions sont principalement essentielles à ces sortes de démonstrations, la clarté des idées et la précision des signes. La question est de savoir si Spinoza les a remplies.

ARTICLE PREMIER.

Étienne Bonnot de Condillac

Des définitions de la première partie de l'Éthique de Spinoza.

Première définition.

« Par ce qui est cause de soi-même, j'entends ce dont l'essence renferme l'existence, ou ce dont on ne peut concevoir la nature, qu'on ne la conçoive existante. »

Cause de soi-même : l'expression n'est pas exacte. Le mot de cause dit relation à quelque chose de distingué de soi, car un effet ne se produit pas lui-même : mais le choix d'un mot est libre. Je ne relève dans le moment Spinoza, que pour faire voir que, si par la suite je ne dis rien de bien d'autres façons de parler aussi peu exactes, ce n'est pas qu'elles m'échappent, c'est que je néglige d'entrer dans des détails qui pourraient paraître minutieux. Qu'il entende donc par cause de soi-même ce dont on ne peut concevoir la nature, qu'on ne la conçoive existante : mais qu'il se souvienne de ne se servir de cette expression et de sa définition, que lorsqu'il concevra la nature d'une chose, et qu'il verra que l'existence y est renfermée. Il serait peu raisonnable d'appliquer la dénomination de cause de soi-même à une chose dont on ne connaîtrait pas la nature.

Définition II.

« On dit qu'une chose est finie en son genre, lorsqu'elle peut être terminée par une autre de même nature. On dit, par exemple, qu'un corps est fini, parce que nous en concevons toujours un plus grand. Ainsi une pensée est terminée par une autre pensée ; mais un corps n'est pas terminé par une pensée, ni une pensée par un corps ».

Qu'entend Spinoza par cette remarque ? *Un corps ne peut pas être terminé par une pensée, ni une pensée par un corps.* Veut-il dire qu'un corps, quoique fini dans le genre de corps, parce qu'il peut être terminé par un autre corps, n'est pas fini dans le genre de pensée, parce qu'il ne peut pas être terminé par une pensée ; et qu'une pensée, quoique finie dans le genre de pensée, n'est pas finie dans le genre de corps, parce qu'elle ne peut pas être terminée par un corps. Quel langage ! Faut-il donc tant d'efforts pour faire connaître ce que c'est qu'une chose finie ?

D'ailleurs, que fait à la limitation d'une chose, qu'elle soit ou ne soit pas terminée par une autre de même nature ? Quelle nécessité pour juger si un être est fini, d'avoir égard à la nature de ce qui est hors de lui ? Ne suffit-il pas de considérer ce qui lui appartient ? Cette obscurité sera sans doute utile au dessein de Spinoza.

Enfin, un corps n'est pas fini, parce qu'on en peut concevoir un plus grand : mais on en peut concevoir un plus grand, parce qu'il est fini.

Définition III.

« J'entends par substance ce qui est en soi, et qui est conçu par soi-même, c'est-à-dire, ce dont l'idée n'a pas besoin pour être formée, de l'idée d'une autre chose ».

Puisque Spinoza veut prouver qu'il n'y a qu'une seule substance, il est essentiel qu'il donne une idée exacte de la chose qu'il fait signifier à ce mot : autrement, tout ce qu'il dira de la substance n'en regardera que le nom, et ne répandra aucun jour sur la nature de la chose. Mais, ni lui, ni personne, ne peut remplir cette condition.

Je ne veux que le langage des philosophies pour prouver notre ignorance à cet égard. Quand ils disent : *La substance est ce qui est en soi*, etc., *ce qui subsiste par soi-même* [1], *ce qui peut être conçu indépendamment de toute autre chose* [2], *ce qui conserve des déterminations essentielles et des attributs constants, pendant que les modes y varient et se succèdent* [3] ; ces mots *ce qui*, ne paraissent-ils pas se rapporter à un sujet inconnu, *qui est en soi, qui subsiste par soi-même, qui*, etc. Si l'on avait quelque idée de sa nature, l'indiquerait-on d'une manière si vague ? Les noms qu'on donne aux modifications qui sont connues, portent avec eux la clarté ; pourquoi n'en serait-il pas de même de celui qu'on donne à ce sujet, s'il était connu comme elles ?

Mais, répliquera M. Wolf, rien n'est plus imaginaire que le sujet que vous voulez donner aux déterminations essentielles ; elles sont

---

1 C'est la définition qu'en donnent les Scholastiques.

2 C'est ainsi que Descartes la définit : Malebranche s'exprime différemment. *La substance*, dit-il, *est ce à quoi on peut penser sans penser à autre chose.* Toutes ces définitions ressemblent beaucoup à celle de Spinoza.

3 Cette définition est de M. Wolf. Nous avons vu ailleurs que Leibnitz définit la substance, *ce qui a en soi le principe de ses fondements.*

Étienne Bonnot de Condillac

elles-mêmes ce qu'il y a de premier dans la substance. Trois côtés déterminent tous les attributs du triangle, et si l'on voulait quelque chose d'antérieur, on le chercherait inutilement. Les trois côtés sont donc le sujet de tout ce qui peut convenir à cette figure. Il en est de même de la substance ; il y a en elle une première détermination essentielle : voilà son *substratum*. Demander quelque chose d'antérieur, c'est visiblement se contredire.

Je réponds, premièrement, qu'il faut donc changer la définition dont il s'agit, et dire : *la substance est une première détermination essentielle, qui*, etc. ; et je doute encore qu'elle devienne meilleure. Je conviens, en second lieu, qu'il y a dans la substance une première détermination essentielle ; mais c'est-là un Protée qui prend plaisir à se présenter à moi sous mille formes différentes, et qui me défie de le saisir sous aucune : je m'explique.

On peut dire des figures comme des substances, qu'elles sont *ce qui conserve des déterminations essentielles et des attributs constants*, etc., notion si vague, que quelqu'un qui n'en aurait point d'autre, n'aurait dans le vrai l'idée d'aucune figure. Cette notion varie : ici c'est une détermination, là une autre ; et le Protée prend partout différentes formes. Néanmoins, il ne m'échappe jamais, et je puis toujours saisir la détermination essentielle de chaque figure. Mais il est si subtil quand il se joue parmi les substances, qu'il disparaît toujours au moment que je crois le tenir. Aucun philosophe ne le saurait fixer, et montrer la détermination essentielle d'une substance quelconque. C'est ainsi qu'un homme, qui ne connaîtrait les figures que par la notion vague que j'en viens de donner, serait hors d'état d'indiquer la détermination essentielle d'une seule.

Mais pourquoi sortir de la métaphysique, et aller prendre, dans la géométrie, des exemples d'une nature toute différente ? Que ne nous mène-t-on à cette détermination par des analyses exactes de la substance ? Les efforts seraient superflus. On ne nous conduira jamais qu'à quelque chose qu'on ne connaît point, et à quoi on donnera les noms d'*essence*, de *détermination essentielle*, de *support*, de *soutien*, de *substance* : mais ce n'est là que faire des mots.

Nous remarquons, dans tout ce qui vient à notre connaissance, différentes qualités ; ces qualités se partagent, se distribuent différemment, se réunissent en différents points, et forment une multi-

CHAPITRE X.

tude d'objets distincts : nous leur donnons les noms de *mode, modification, accident, propriété, attribut, détermination, essence, nature,* suivant les rapports sous lesquels nous les voyons, ou croyons voir. Mais nous ne saurions découvrir ce qui leur sert de base. Or, si par l'idée de la substance, on entend l'idée de quelques qualités réunies quelque part, nous connaissons ce que nous appelons substance : mais, si on entend la connaissance de ce qui sert de fondement à la réunion de ces qualités, nous l'ignorons tout-à-fait.

Cette distinction suffit pour démontrer que ce n'est ici qu'une question de mot ; et, si l'on voulait s'entendre, il n'y aurait plus de dispute. Descartes ne doutait pas qu'il ne connût la substance ; cependant il avoue son ignorance, quand il prend ce mot dans le sens dans lequel je dis que nous n'en avons pas d'idée [1].

La substance, pour revenir à la définition de Spinoza, ne se conçoit donc pas elle-même ; elle ne se conçoit même pas, mais on l'imagine pour servir de lien, de soutien aux qualités que l'on conçoit ; et l'idée vague qu'en donne l'imagination, n'a pu être formée, qu'on n'ait préalablement connu plusieurs autres choses.

Concluons que Spinoza n'a point donné d'idée de la chose qu'il veut faire signifier au mot *substance.* Par conséquent rien n'est plus frivole que les démonstrations qu'il va donner. Ajoutez que l'ambiguïté de cette expression scholastique, en soi, est toute propre au dessein où est Spinoza, de prouver que la substance est de sa nature indépendante.

DÉFINITION IV.

« J'entends par attribut, ce que l'entendement se représente comme constituant l'essence de la substance ».

Spinoza dit ailleurs [2] qu'il entend par attribut *tout ce qui est conçu par soi et en soi, en sorte que l'idée qu'on en a, ne renferme pas l'idée*

---

1 « Parce que nous apercevons, dit-il (Rép. aux 4 obj.), quelques formes ou attributs qui doivent être attachés à quelque chose pour exister, nous appelons *substance* cette chose à laquelle ils sont attachés. Noua pourrions encore parler de la substance après l'avoir dépouillée de tous ses attributs ; mais alors nous détruirions toute la connaissance que nous en avons, et nous ne concevrions pas clairement et distinctement la signification de nos paroles ». Il s'exprime encore de la même manière, dans la 5ᵉ définition de ses *Méditations* disposées à la manière des géomètres.
2 Lettre 2 des Œuvres Posthumes, pag. 397.

d'une autre chose. L'étendue, ajoute-t-il, *est conçue par elle-même et en elle-même, mais non pas le mouvement, car il est conçu dans un autre, et son idée renferme celle de l'étendue.*

Voilà donc la substance et l'attribut qui ne sont qu'une même chose. Spinoza en convient, et dit [1] qu'il ne distingue ce dernier que par rapport à l'entendement qui attribue une certaine nature à la substance.

Le mot *essence* signifie sans doute encore la même chose que celui de *substance* ; si ce n'est par rapport à l'entendement qui considère l'essence comme quelque chose, sans quoi la substance ne peut exister, ni être conçue [2].

Les signes des géomètres ont différentes significations, non seulement par rapport à l'entendement, mais encore par rapport aux choses : c'est pourquoi tout ce qu'ils démontrent de leurs signes, se trouve démontré des objets mêmes, supposé qu'ils existent. Rien ne serait plus frivole que leurs démonstrations, si leurs termes n'avaient différents sens que par rapport à l'entendement. Que Spinoza invente pour une même chose autant de noms qu'il lui plaira, il ne prouvera rien ; ou il montrera seulement quelle serait la nature des êtres, si elle était telle qu'il l'imagine : ce qui doit peu intéresser son lecteur.

Rien ne fait mieux connaître la faiblesse de l'esprit, que les efforts qu'il fait pour franchir les bornes qui lui sont prescrites. Quoiqu'on n'ait aucune idée de ce qu'on nomme *substance*, on a imaginé le mot *essence* pour signifier ce qui constitue la *substance* ; et afin qu'on ne soupçonne pas ce terme d'être lui-même vide de sens, on a encore imaginé celui d'*attribut* pour signifier ce qui constitue l'essence. Enfin, lorsqu'on peut se passer de ces distinctions, on convient que la substance, l'essence et l'attribut ne sont qu'une même chose. C'est ainsi qu'un labyrinthe de mots sert à cacher l'ignorance profonde des métaphysiciens.

Si, comme je crois l'avoir prouvé, nous ne connaissons point la substance, et si, comme en convient Spinoza, la substance, l'essence et l'attribut ne sont dans le vrai qu'une même chose, ce philosophe n'a pas plus d'idée de l'attribut et de l'essence, que de la substance même.

1 Let. 27, page 463.
2 II. Part. Def. 2, p. 40.

CHAPITRE X.

On peut remarquer que les autres philosophes distinguent l'attribut de l'essence. Ils le définissent, *ce qui découle nécessairement de l'essence.*

DÉFINITION V.

« J'entends par mode, les affections d'une substance, ou ce qui est dans un autre par lequel il est conçu ».

Nous sommes si éloignés de concevoir les modes par un autre, que nous n'avons point d'idée du sujet qui leur sert de soutien, et par lequel, selon cette définition, on devrait les concevoir. Au contraire, nous n'imaginons le sujet qu'après avoir conçu les modes. Le mouvement, pour apporter un exemple de Spinoza [1], est conçu dans l'étendue, mais il n'est pas conçu par elle, car sa notion renferme quelque chose de plus que celle de l'étendue.

Ou l'on se forme l'idée d'un mode par l'impression qu'on reçoit des objets ou par les abstractions qu'on fait en réfléchissant sur ces impressions. Dans l'un et l'autre cas il est évident que le mode est connu indépendamment de l'idée de son sujet. Proprement, les substances ne nous affectent que par leurs modes, elles ne viennent à notre connaissance que par eux. Il est donc bien ridicule de supposer que le mode ne soit conçu que par la substance.

Si Spinoza a défini le mode, *ce qui est conçu par un autre*, ce n'est pas qu'il ait réfléchi à la nature de la chose ; c'est qu'il a voulu opposer le mode à la substance qu'il avait définie, *ce qui est conçu par soi-même.* Or, en opposant l'un à l'autre, il suppose tacitement que la substance existe par sa propre nature. Pourquoi en effet le mode est-il dans un autre par lequel il est conçu ? C'est parce qu'il en dépend. Donc, la substance étant en elle-même, ne dépend que d'elle ; c'est-à-dire, qu'elle est, selon Spinoza, indépendante, nécessaire, etc. Quand on suppose dans les définitions ce qu'on se propose de prouver, il n'est pas bien difficile de faire des démonstrations.

DÉFINITION VI.

« J'entends par Dieu un être absolument infini, c'est-à-dire, une substance qui renferme une infinité d'attributs, dont chacun ex-

---

1 Voyez ce qui vient d'être remarqué sur la définition précédente.

prime une essence éternelle et infinie ».

EXPLICATION.

« Je dis absolument infini, et non pas en son genre : car on peut nier une infinité d'attributs de tout ce qui n'est infini qu'en son genre. Mais, quand une chose est absolument infinie, tout ce qui exprime une essence, appartient à la sienne, et on n'en peut rien nier ».

Spinoza est bien heureux de manier avec tant de facilité les idées de l'infini. J'avoue que j'ai de la peine à le suivre, et que quand il parle d'un attribut qui exprime une essence éternelle et infinie, je ne trouve dans le mot *exprime*, qu'un terme figuré qui ne présente rien d'exact.

Quant à l'idée qu'il prétend avoir de l'infini, c'est une erreur qui est commune à beaucoup d'autres philosophes. Il serait trop long de la détruire ; je remarquerai seulement que Spinoza prend bien ses précautions pour pouvoir conclure de sa définition tout ce qui lui sera avantageux ; car, selon sa définition, Dieu n'est absolument infini, que parce qu'on n'en peut rien nier, et qu'on en peut tout affirmer.

DÉFINITION VII.

« Une chose est appelée libre quand elle existe par la seule nécessité de sa nature, et qu'elle n'est déterminée à agir que par elle-même : mais elle est nécessaire, ou plutôt contrainte, quand elle est déterminée par une autre à exister et à agir d'une manière certaine et déterminée ».

Les définitions de mots sont, dit-on, arbitraires ; mais il faut ajouter pour condition, qu'on n'en abusera pas. On verra bientôt que Spinoza a en vue de prouver que tout est nécessaire.

DÉFINITION VIII.

« Par l'éternité, j'entends l'existence même, en tant que l'on conçoit qu'elle suit nécessairement de la seule définition d'une chose éternelle ».

Cette définition est singulière. Ne dirait-on pas qu'une chose éternelle est mieux connue que l'éternité ? Voici l'explication que l'auteur ajoute : elle ne répand pas un grand jour sur la définition.

EXPLICATION.

« Car une telle existence est conçue, ainsi que l'essence de la chose, comme une éternelle vérité. C'est pourquoi elle ne peut être expliquée, ni par la durée, ni par le temps, quoique l'on conçoive que la durée ne renferme ni commencement ni fin ».

Voilà les définitions de la première partie de l'Éthique de Spinoza. Bien loin d'être aussi exactes que la géométrie le demande, on voit que ce n'est qu'un jargon accrédité chez les Scholastiques.

ARTICLE II.
Des axiomes de la première partie de l'Éthique de Spinoza.

AXIOME PREMIER.

« Tout ce qui est, est en soi ou dans un autre ».

L'ambiguïté de cet axiome fait craindre qu'on ne confonde les modes, qu'on dit être dans un autre, avec tout ce qui est dépendant ; et la substance, qu'on dit être en elle-même, avec ce qui est indépendant. Alors il ne serait pas difficile de prouver que les êtres finis ne sont que les modes d'une seule substance nécessaire.

Par le langage de Spinoza, cet axiome s'applique naturellement aux choses telles qu'on les suppose dans la nature ; pour le rendre plus exact, il faudrait s'exprimer de façon qu'on ne pût l'entendre que de la manière dont nous concevons les choses. Si l'on ne prend cette précaution, on courra risque de substituer ses propres imaginations à la place de la nature. C'est ce dont Spinoza ne cherche point à se garantir. Je dirais donc : tout ce que nous concevons, nous nous le représentons en soi ou dans un autre, c'est-à-dire, comme sujet, ou qualité d'un sujet. Mais pour lors l'usage de cet axiome serait très borné, car nous ne le pourrions raisonnablement appliquer qu'aux choses que nous connaissons. Ainsi il deviendrait inutile au dessein de Spinoza.

Axiome II.

« Ce qui ne peut être conçu par un autre, doit être conçu par soi-même ».

Cela serait vrai, s'il n'y avait pas des choses que nous ne concevons, ni par elles-mêmes ni par d'autres.

Autant que je le puis comprendre, une chose est conçue par elle-même quand on en a l'idée immédiatement ; et elle l'est par une autre, quand l'idée en est renfermée dans celle d'une autre que l'on connaît. Or, de ce que l'idée d'une chose ne se trouve dans aucune des idées qu'on a déjà, il ne s'ensuit pas qu'on doive l'avoir immédiatement ; on peut ne la point avoir du tout.

Ou Spinoza prend le mot de *concevoir*, par rapport à nous, auquel cas il a tort de ne pas remarquer qu'il y a des choses que nous ne concevons pas, c'est-à-dire, dont nous ne saurions nous former l'idée : ou il prend ce mot, par rapport à une intelligence qui embrasse tout, et qui voit toutes choses telles qu'elles sont ; auquel cas ce second axiome est vrai : mais ce n'est pas à Spinoza à en faire l'application.

Il y a deux langages qu'on devrait soigneusement distinguer ; l'un s'applique aux choses, et ce serait celui de l'intelligence suprême ; l'autre ne s'applique qu'à la manière dont nous les concevons, et c'est le seul dont nous devrions nous servir. Mais Spinoza les confond toujours. C'est une observation qu'il faudrait souvent répéter : ce sera assez de l'avoir faite à l'occasion de cet axiome.

Axiome III.

« Soit donnée une cause déterminée, l'effet suit nécessairement ; et au contraire si elle n'est pas donnée, il est impossible que l'effet suive ».

Cause et *effet* sont des termes relatifs, et la vérité de cet axiome dépend de la manière dont on les rapporte. Si, par le mot de *cause*, on entend un principe qui actuellement agit et produit, il se rapportera conséquemment à un effet actuellement existant. Alors il sera vrai qu'une cause déterminée étant donnée, l'effet suivra nécessairement. Mais si, par ce mot, on entend seulement un principe qui a la puissance d'agir et de produire, il ne se rapportera qu'à un effet possible ; et, quoique la cause soit donnée, l'effet ne suivra pas nécessairement.

AXIOME IV.

« La connaissance de l'effet dépend de la connaissance de sa cause, et la renferme ».

Si Spinoza veut dire qu'on ne saurait connaître une chose comme effet, qu'on ne connaisse qu'elle a une cause, l'axiome est vrai, parce que le mot *effet* se rapporte nécessairement à celui de *cause*. En ce cas, la connaissance de l'effet ne suppose qu'une connaissance vague d'une cause quelconque. Mais, si ce philosophe veut dire qu'on ne peut pas avoir l'idée d'un effet qu'on n'ait l'idée de sa cause particulière, en sorte que l'idée de l'effet renferme l'idée de sa vraie cause, rien n'est plus faux. Combien d'effets que nous connaissons, et dont nous ignorons les vraies causes !

Si la connaissance de l'effet dépend de la connaissance de sa cause, l'effet ne peut être reconnu par lui-même. Par conséquent, il le sera par un autre. Il ne sera donc pas une substance ; il ne sera qu'un mode. Cet axiome suppose donc ce qui est en question ; et on voit combien son ambiguïté est utile au dessein de Spinoza.

AXIOME V.

« Des choses qui n'ont rien de commun entre elles, ne peuvent pas être comprises l'une par l'autre, ou l'idée de l'une ne renferme pas l'idée de l'autre ».

Cet axiome est faux, en ce qu'il suppose que des êtres, qui ont quelque chose de commun, peuvent être compris l'un par l'autre, ou que la notion de l'un renferme celle de l'autre. Les idées que nous nous formons d'une chose, par ce qu'elle a de commun avec d'autres, ne sont que des idées partielles qui nous la représentent d'une manière vague, générale, et par conséquent fort imparfaite. Telle est, par exemple, l'idée d'animal : elle ne se forme que de la portion qui est commune à la notion de l'homme, et à celle de tout ce qui a vie et sentiment.

Si des êtres ont quelque chose de commun, on peut donc concevoir en partie l'un par l'autre ; ou la notion de l'un renferme en partie celle de l'autre. Elle renferme ce qu'il y a de commun entre eux, mais elle ne contient pas les qualités qui y mettent de la différence. Spinoza ne suppose que la notion de l'un doit renfermer sans restriction la notion de l'autre, qu'afin de pouvoir prouver qu'il ne peut pas y avoir plusieurs substances ; car, s'il y en avait plusieurs, elles seraient constituées substances par quelque chose de commun. Elles seraient donc par ce cinquième axiome conçues l'une par l'autre. Or cela est absurde par la troisième définition. Il ne peut donc y avoir qu'une substance. C'est ainsi que Spinoza accommode toujours ses définitions et ses axiomes, à la thèse qu'il a dessein de prouver.

AXIOME VI.

« Une idée vraie doit convenir avec son objet ».

Quand les Cartésiens ont dit : nous pouvons affirmer d'une chose tout ce qui est renfermé dans l'idée claire et distincte que nous en avons, c'est qu'ils ont supposé que ces sortes d'idées sont vraies ou conformes aux objets auxquels on les rapporte. Ainsi ce que j'ai remarqué à l'occasion de leur principe, peut s'appliquer à ce sixième axiome. J'y renvoie.

Spinoza, formé par la lecture des ouvrages de Descartes, ne connaissait ni l'origine ni la génération des idées ; on en peut juger par la manière dont il les définit.

« J'entends par idée, dit-il [1], le *concept* que forme l'esprit, comme étant une chose pensante. Je l'appelle *concept*, et non perception, parce que le mot de *perception* paraît indiquer que l'esprit pâtit, au lieu que celui de *concept* exprime l'action de l'esprit ».

Mais comment cette idée, produite par l'action de l'esprit, peut-elle être vraie ou conforme à un objet, et à quel signe peut-on s'en assurer ? C'est à quoi Spinoza n'a pas de réponse. Il se contente de supposer qu'il y a des idées vraies, et il croit, sans doute, que ce sont les siennes.

Il est aisé à l'imagination de se faire des idées, il lui est aussi facile de se persuader qu'elles sont vraies. On conclura donc, avec l'axiome de Spinoza, qu'elles sont conformes à l'objet auquel on les rapporte ; et, en ne raisonnant que sur des notions imaginaires, on

1 II. Part. déf. 3.

CHAPITRE X.

croira approfondir jusqu'à la nature même des choses. Voilà ce qui est arrivé à ce philosophe.

Axiome VII.

« L'essence d'une chose ne renferme pas l'existence, lorsque cette chose peut être conçue comme non existante ».

On sera sans doute étonné de me voir rejeter des axiomes généralement reçus. Mais il n'appartenait qu'à des êtres aussi bornés que nous, d'imaginer leur manière de concevoir, comme la mesure de l'essence des choses. C'est le même préjugé qui a fait la vogue de cet axiome et du précédent. Dès que nous croyons pouvoir affirmer d'un objet tout ce que contiennent les idées que nous nous en sommes faites, il est naturel que nous lui refusions tout ce qu'elles ne renferment pas.

Si on passe cet axiome, on pourrait avec autant de raison accorder ceux-ci.

« L'essence d'une chose ne renferme pas l'intelligence, lorsque cette chose peut être conçue comme non intelligente : l'essence d'une chose ne renferme pas la liberté, lorsque cette chose peut être conçue comme non libre ».

En ce cas, Spinoza dirait : je conçois que Dieu pourrait être sans intelligence et sans liberté ; donc, son essence ne renferme ni l'une ni l'autre. Mais quelle intelligence êtes-vous donc vous-même, dirais-je à un pareil philosophe, pour vouloir que les choses ne soient que comme vous les concevez ? En vérité, si cette manière déraisonner n'était pas aussi généralement adoptée, je serais honteux de la combattre.

Tels sont les, matériaux avec lesquels Spinoza va disposer toutes les prétendues démonstrations de sa première partie : huit définitions de mot, et sept axiomes peu exacts et fort équivoques. Il est assez curieux de voir comment il passera de là à quelque connaissance réelle sur la nature des choses. J'ai peine à croire que ses démonstrations renferment rien de plus que des mots. Suivons-le, et examinons de près tous les pas qu'il va faire. La chose sera d'autant plus aisée, que nous avons déjà trouvé dans ses définitions et dans ses axiomes la supposition de tout ce qu'il veut prouver.

ARTICLE III.
*Des propositions que Spinoza entreprend de démontrer
dans la première partie de son Éthique.*

Si je n'avais d'autre dessein que de réfuter Spinoza, il serait inutile de continuer la traduction de son ouvrage. On voit assez que des principes aussi frivoles ne sauraient mener à de véritables connaissances. Mais, comme je veux donner un exemple de systèmes abstraits, et que je n'en sais point où la méthode que je blâme soit suivie avec plus de soin que dans celui de ce philosophe, il est nécessaire de traduire jusqu'à ce que chacun puisse s'en former une idée.

PREMIÈRE PROPOSITION.
« La substance est de nature antérieure à ses affections ».

DÉMONSTRATION.
« Cela paraît par les définitions III et V ».

C'est-à-dire, que ce qu'il appelle substance, soit qu'il y ait dans la nature quelque chose de semblable, ou non, est, selon la façon dont il le conçoit, antérieur de nature à ce qu'il appelle affections. Car il faut remarquer que cette proposition et sa démonstration ne peuvent être appliquées qu'aux mots substance et affections, puisque Spinoza n'a pas encore prouvé qu'il y ait nulle part des êtres auxquels les définitions de la substance et des modes puissent appartenir.

Quand on s'est fait l'idée du sujet de la substance de la manière que j'ai indiquée, on réalise cette idée, toute vague qu'elle est, et aussitôt on conçoit ce sujet comme existant avant les modes qui viennent successivement s'y réunir. On remarque ensuite ce rapport, et on dit : *le sujet est antérieur à ses modes, il faut qu'une chose soit avant d'être telle,* etc. Cela signifie qu'après les abstractions violentes qu'on a réalisées, on conçoit que le sujet est avant les modes, qu'une chose, est avant d'être telle. Propositions bien frivoles, et qui ne méritent d'être si fort répétées par les philosophes, que parce qu'il ne leur faut souvent que des mots. En effet, qu'importe de savoir le rapport qu'il y a entre des abstractions réalisées ? Qu'on abandonne cette méthode ridicule, et on verra bientôt qu'une chose ne peut être, qu'elle ne soit telle ; et qu'une chose ne peut exister, qu'elle n'ait des affections, etc.

Mais cette manière de raisonner est si généralement adoptée, que Spinoza a raison de s'en servir avec toute la confiance d'un homme qui ne soupçonne pas qu'on puisse rien trouver à reprendre dans ses raisonnements. On voit par là et par tout ce qui a déjà été dit, que son système n'emprunte souvent le peu de force qu'il paraît avoir, que de la faiblesse de ses adversaires.

Proposition II.

« Deux substances qui ont des attributs différents, n'ont rien de commun entre elles ».

Démonstration.

« Cela est encore prouvé par la troisième définition : car chaque substance doit être en elle-même, et conçue par elle-même, ou la notion de l'une ne renferme pas celle de l'autre ».

Spinoza suppose ici, comme dans le cinquième axiome, que de deux êtres qui ont quelque chose de commun, la notion de l'un renferme celle de l'autre ; elle ne la renferme cependant qu'en partie. Ainsi, de ce que la notion de la substance, par la troisième définition, ne renferme pas la notion d'une autre chose, il ne s'ensuit pas que deux substances n'ont rien de commun ; il s'ensuit seulement que tout n'est pas commun entre elles.

Pour l'exactitude de la conséquence que tire Spinoza, il aurait fallu définir la substance, ce dont l'idée ne renferme rien de ce qui appartient à la notion d'une autre chose. Il paraît même que c'est là le sens que ce philosophe donne à sa définition. Par ce moyen, il lui est aisé de prouver qu'il n'y a qu'une substance ; car s'il y en avait plusieurs, ce ne serait qu'autant qu'on les rapporterait à un même genre. Elles auraient donc quelque chose de commun .

Il faut répéter ici la remarque que nous avons faite sur la proposition précédente. Rien ne prouve encore qu'il y ait hors de nous quelque chose de conforme à la définition de la substance ; par conséquent cette définition ne peut servir à démontrer ce qui est commun, ou ce qui n'est pas commun à deux substances, et la démonstration ne roule que sur des mots.

La notion de la substance, telle que nous l'avons, est l'idée de quelques propriétés et modes que nous savons appartenir à un sujet dont la nature nous est inconnue. En ce sens, la notion d'une substance peut renfermer celle d'une autre substance, parce que nous pouvons nous représenter les propriétés et les modes de l'une, par les propriétés et les modes de l'autre. Quoique, par exemple, l'essence de l'or nous soit inconnue, nous pouvons nous représenter les propriétés d'une particule d'or, par les propriétés d'une autre particule dont nous avons fait l'analyse. Spinoza ne suppose qu'on ne peut pas se représenter une substance par une autre, que parce qu'il se fait de la substance une idée abstraite, qui n'a de réalité que dans son imagination. C'est là le principal vice de ses raisonnements.

PROPOSITION III.

« De deux choses, l'une ne peut pas être cause de l'autre, s'il n'y a rien de commun entre elles ».

DÉMONSTRATION.

« S'il n'y a rien de commun entre elles ; donc (Axiome V), elles ne peuvent être conçues l'une par l'autre ; donc (Ax. IV), l'une ne peut être cause de l'autre ».

Cette démonstration suppose, par le quatrième axiome, que la connaissance d'un effet renferme la connaissance de sa cause, comme la connaissance du mouvement renferme celle de l'étendue. Cela est faux : la démonstration est donc également fausse.

PROPOSITION IV.

« Si deux choses, ou davantage, sont distinctes, ou elles le sont par la diversité des attributs des substances, ou par la diversité des affections des substances ».

DÉMONSTRATION.

« Tout ce qui est, est en soi, ou dans un autre (Axiome I), c'est-à-dire, (Définition III et V) que hors de l'entendement il n'y a que des substances et leurs affections. Il n'y a donc, hors de l'entendement, que les substances, ou, ce qui revient au même (Axiome IV), que leurs attributs et leurs affections, par où plusieurs choses puissent être distinguées ».

Enfin, Spinoza commence à supposer que ses définitions de mot sont devenues des définitions de chose. *Il n'y a*, dit-il, *hors de l'entendement, par la III et V définition, que des substances et leurs affections.* Cela est vrai, si ses définitions expliquent les choses telles qu'elles sont en elles-mêmes : mais, si elles ne renferment que certaines idées qu'il lui a plu d'attacher à certains sons, par quelle règle s'imagine-t-il pouvoir par elles juger de la nature même des êtres ? Il lui est libre de faire toutes les abstractions qu'il veut ; la difficulté, c'est de passer de là à la nature des choses. Pour peu qu'on l'observe dans ce passage, on remarquera facilement le faible de son système.

PROPOSITION V.

« Il ne peut pas y avoir, dans la nature, deux substances, ou davantage, d'une même nature ou d'un même attribut ».

DÉMONSTRATION.

« S'il y en avait plusieurs, elles seraient distinguées par la diversité des attributs, ou par la diversité des affections. (Prop. précéd.) Si elles ne l'étaient que par la diversité des attributs, il n'y en aurait donc qu'une du même attribut. Mais veut-on qu'elles le soient par la diversité des affections ? En ce cas, comme la substance est de nature antérieure à ses affections (Prop. I), les affections mises à part, et la substance considérée en elle-même, c'est-à-dire (Défin. III et VI), considérée comme elle doit l'être, on ne pourra pas concevoir une substance distincte d'une autre, c'est-à-dire (Propos. précéd.) qu'il ne pourra pas y en avoir plusieurs, il n'y en aura qu'une seule ».

Je remarque, premièrement, que non seulement des substances pourraient être distinguées par la diversité des attributs, ou par la diversité des affections, mais peut-être numériquement ; c'est-à-dire, qu'il pourrait peut-être y avoir des substances qui eussent les mêmes attributs et les mêmes affections, et qui cependant seraient distinctes, parce qu'elles feraient nombre. C'est du moins le sentiment des Cartésiens ; un disciple de Descartes ne devait pas oublier de le réfuter.

Je conviens, en second lieu, que si des substances n'étaient distinguées que par la diversité des attributs, il n'y en aurait qu'une du même attribut : mais je dis que, par la première proposition, Spinoza n'a pas prouvé que la substance est en effet antérieure à ses affections : il montre seulement qu'il la conçoit antérieure à ses affections. Or cela ne le met pas en droit de l'en dépouiller, et de conclure que plusieurs substances d'un même attribut ne pourraient pas être distinguées par la diversité des affections.

Enfin, je remarque qu'il est inutile de rechercher s'il peut y avoir plusieurs substances de même nature, tant que Spinoza n'a pas fait voir qu'il existe quelque chose à quoi il peut appliquer le nom de *substance* au sens qu'il lui donne.

Il suffit de ne point faire attention à ce que les substances ont de particulier, et de ne considérer que ce qui paraît leur être commun, pour se faire de la substance une idée abstraite : il suffit ensuite de réaliser cette abstraction, pour conclure qu'il n'y a qu'une substance. On n'a donc que faire de toutes les prétendues démonstrations de Spinoza ; en peut, à moins de frais, faire un système comme le sien : car, plus on le lira, plus on se convaincra que ses raisonnements n'aboutissent qu'à réaliser une abstraction.

PROPOSITION VI.

« Une substance ne peut pas être produite par une autre substance ».

DÉMONSTRATION.

« Il ne peut pas y avoir dans la nature deux substances de même attribut (Propos. précéd.), c'est-à-dire (Prop. II) qui aient quelque chose de commun entre elles. Par conséquent (Prop. III), l'une ne peut pas être cause de l'autre, ou l'une ne peut pas produire l'autre ».

C'est-à-dire, qu'une substance, au sens de Spinoza, ne peut pas être produite par une autre. En effet, quand on s'est fait de la substance l'idée la plus abstraite qu'il soit possible, on n'en peut plus voir qu'une ; et on ne saurait distinguer quelque chose qui produise, et quelque chose qui soit produit. Mais ce n'est-là qu'un effet de notre manière de concevoir, et on n'en saurait rien conclure, quand il s'agit des substances telles quelles sont en elles-mêmes, et hors de notre entendement. Ce qui a été dit sur les Propositions II, III, V, fait voir combien cette démonstration est peu solide.

COROLLAIRE.

« Il suit de là qu'il n'y a rien qui puisse produire une substance ; car il n'y a dans la nature que substances et affections de substances (Ax. I, et Déf. III et V). Or une substance ne peut pas être produite par une substance (Prop. précéd.), donc, etc. »

« Cette proposition se prouve encore par l'absurdité de sa contradictoire : car, si une substance pouvait être produite par quelque cause, sa connaissance devrait dépendre de la cause (Ax. IV). Donc (Déf. III), elle ne serait pas une substance ».

Ce corollaire n'est pas plus solide que la proposition d'où il est tiré. Voyez ce qui a été dit sur les définitions et sur les axiomes qui lui servent de fondement.

PROPOSITION VII.

« Il est de la nature de la substance d'exister ».

DÉMONSTRATION.

« La substance ne peut être produite par aucune cause. (Cor. de la Prop. précéd.) Elle est donc cause d'elle-même ; c'est-à-dire (Déf. I), que son essence renferme l'existence, ou qu'il est de sa nature d'exister ».

Nous avons remarqué que Spinoza ne devait donner le titre de cause de soi-même, qu'à une chose dont il connaîtrait assez parfaitement la nature, pour y voir l'existence renfermée. Cependant, il le donne à une abstraction, qui n'a de réalité que dans son imagination. Cette démonstration est aussi frivole que le corollaire d'où elle dépend.

Étienne Bonnot de Condillac

PROPOSITION VIII.

« Toute substance est nécessairement infinie ».

DÉMONSTRATION.

« Il n'y a qu'une substance d'un même attribut (Prop. V) ; il est de sa nature d'exister (Prop. VII). Il sera donc de sa nature d'être finie ou infinie ; mais non pas finie : car (Défin. II) elle devrait être terminée par une autre de même nature, et qui devrait également exister nécessairement (Prop. VII) : ainsi, il y aurait deux substances de même attribut, ce qui est absurde (Prop. V). Elle est donc infinie ».

On voit ici pourquoi Spinoza s'est expliqué d'une façon si particulière dans sa seconde définition : c'est que, pour refuser à tout ce qui est fini la dénomination de substance, il fallait entendre par une chose finie, celle qui est terminée par une autre de même nature. Je me trompe fort, ou la plupart des définitions et des axiomes de Spinoza n'ont été faits qu'après les démonstrations.

Je me lasse de remarquer que toutes ces démonstrations ne répondent qu'au mot *substance*. On dirait qu'il n'y a rien de plus connu qu'un être conforme à la définition que Spinoza donne de ce terme.

Premier Scholie.

« Puisque le fini emporte avec soi quelque négation, et que l'infini renferme l'affirmation absolue de l'existence de quelque nature, il suffit de la septième proposition, pour prouver que toute substance est infinie ».

Je ne sais si l'on peut comprendre quelque chose à la définition qu'on donne ici de l'infini. Mais le dessein de Spinoza est de prouver que la substance étant infinie, elle est tout ce qui est ; en sorte qu'il n'existe rien qui ne lui appartienne comme attribut, ou comme modification.

Second Scholie.

« Je ne doute point que tous ceux qui jugent confusément des choses, et qui ne sont pas accoutumés à les connaître par leurs premières causes, n'aient de la peine à concevoir la démonstration de la septième proposition, parce qu'ils ne distinguent pas entre les modifications des substances et les substances mêmes, et qu'ils ne savent pas comment les choses sont produites. De là il arrive qu'ils imaginent que les substances ont un commencement, parce qu'ils voient que les choses naturelles en ont un : car ceux qui ignorent les véritables causes, confondent tout ».

Spinoza a bonne grâce de reprocher aux autres qu'ils jugent confusément des choses, et qu'ils ne les connaissent pas par leurs premières causes. Faut-il qu'il s'aveugle au point de s'imaginer que quelques définitions de mots, et quelques mauvais axiomes doivent lui découvrir les vrais ressorts de la nature ?

Remarquez que connaître les choses par leurs premières causes, à la manière de Spinoza, c'est les expliquer par des notions abstraites. Les absurdités où tombe ce philosophe, sont une nouvelle preuve des abus de cette méthode.

« Ils ne trouvent pas plus de répugnance à faire parler les arbres que les hommes. Il n'en coûte rien à leur imagination pour leur re-présenter des hommes formés avec des pierres comme par voie de génération, et pour changer une forme quelconque en une forme quelconque. De même, ceux qui confondent la nature divine et la nature humaine, attribuent facilement à Dieu les inclinations des hommes, surtout quand ils ignorent comment les inclinations naissent dans notre âme ».

Quel rapport tout ce verbiage peut-il avoir avec la septième pro-position ?

« Mais si les hommes réfléchissaient sur la nature de la substance, ils ne douteraient en aucune manière de la vérité de la septième proposition. Bien au contraire, ils la regarderaient comme un axiome, et la mettraient au nombre des notions communes. Car, par substance, ils entendraient ce qui est en soi, et qui est conçu par soi-même, c'est-à-dire, ce dont la connaissance n'a pas besoin de la connaissance d'une autre chose ; et, par modification, ils en-tendraient ce qui est dans un autre, et ce dont l'idée est formée par l'idée de la chose dans laquelle il subsiste ».

Spinoza suppose ici bien clairement que sa définition de la subs-tance en explique au vrai la nature. Il a également tort d'avancer que la notion d'une modification est formée par l'idée de la chose où elle subsiste, puisque nous avons des idées des modifications, sans en avoir de leur sujet.

« Cela fait que nous pouvons avoir de vraies idées des modifications qui n'existent pas ; parce que, quoiqu'elles n'existent pas actuellement hors de l'entendement, leur essence est tellement renfermée dans une autre chose, qu'elles peuvent être comprises par cette chose même ».

Rien n'est plus faux, encore un coup. Nous ne saurions tirer d'une idée que nous n'avons pas, c'est-à-dire, de celle de la substance, l'idée d'aucune modification. Toutes nos connaissances viennent des sens ; or nos sens ne pénètrent point jusqu'à la substance des choses, ils n'en saisissent que les qualités. Si on croit qu'il y ait des modifications dont la connaissance soit due à celle de leur sujet, qu'on essaie d'en donner un seul exemple, et on reconnaîtra bientôt son erreur. Tel est l'aveuglement des philosophes, quand ils se contentent de notions vagues : à peine ont-ils imaginé la substance pour servir de sujet aux modifications, qu'ils croient la voir en elle-même, et n'avoir même que par elle l'idée des modifications qui l'ont fait connaître.

« Mais la vérité des substances, hors de l'entendement, n'est point ailleurs que dans les substances, puisqu'elles sont conçues par elles-mêmes. Ainsi, si quelqu'un disait qu'il a une idée claire et distincte, c'est-à-dire, une vraie idée de la substance, et qu'il doute cependant si une telle substance existe, ce serait la même chose que s'il disait qu'il a une idée vraie, et qu'il ne sait pourtant si elle est fausse, comme il est évident à quiconque y veut faire attention ; ou, s'il supposait qu'une substance est créée, ce serait supposer qu'une idée fausse est devenue vraie ; ce qui est la chose du monde la plus absurde. Il faut donc convenir que l'existence de la substance, ainsi que son essence, est une vérité éternelle ».

Tout cela serait vrai, si la définition que Spinoza donne de la substance était la véritable idée de la chose.

« Nous pouvons encore conclure d'une autre manière qu'il n'y a qu'une substance de même nature ; ce que je crois à propos de faire ici. Mais, pour procéder avec ordre, il faut remarquer :

« 1°. Que la véritable définition d'une chose ne renferme et n'ex-

CHAPITRE X.

prime rien autre que sa nature, d'où il suit :

« 2°. Qu'elle ne renferme et n'exprime pas un certain nombre d'individus, puisqu'elle n'exprime que la nature de la chose. Par exemple, la définition du triangle n'exprime que la simple nature du triangle, elle n'en marque pas un certain nombre :

« 3°. Qu'il y a nécessairement, pour toute chose qui existe, une cause de son existence :

« 4°. Que cette cause doit être contenue dans la nature et la définition de la chose existante (parce qu'il est de sa nature d'exister), ou elle doit être hors delà chose qui existe. Cela posé, il s'ensuit que s'il y a un certain nombre d'individus dans la nature, il doit nécessairement y avoir une cause pourquoi ils existent, et pourquoi ils existent en tel nombre, en sorte qu'il n'y en ait ni plus ni moins. Par exemple, s'il y avait au monde vingt hommes et pas davantage (pour plus de clarté, je suppose qu'ils existent ensemble, et qu'il n'y en a point eu avant eux), ce ne serait pas assez pour qui voudrait en rendre raison, de montrer en général la cause de la nature humaine : il faudrait encore faire voir pourquoi il n y en a ni plus ni moins ; car il doit y avoir une cause de chacun en particulier (note 3). Mais cette cause (notes 2 et 3) ne peut pas se trouver dans la nature humaine ; car la véritable définition de l'homme ne renferme pas le nombre vingt. Il faut donc (note 4) qu'elle soit nécessairement hors de chaque homme. Par conséquent, on doit conclure qu'une chose suppose nécessairement une cause externe de son existence, lorsqu'elle est de telle nature qu'il peut y en avoir plusieurs individus. Mais, comme l'existence (par ce qui a été démontré dans ce scholie) appartient à la nature de la substance, sa définition doit renfermer une existence nécessaire, et par conséquent on doit conclure son existence de sa seule définition. Mais l'existence de plusieurs substances ne peut pas suivre de la définition de la substance (notes 2 et 3) : il suit donc nécessairement de la définition de la substance, qu'il n'y a qu'une substance d'une même nature ».

Fallait-il tant de discours pour conclure d'une définition arbitraire l'existence d'une chimère ? Tout ce raisonnement porte à faux, parce qu'il suppose, dans la première remarque, que nous connaissons assez bien la nature des choses pour la renfermer et l'exprimer dans leurs définitions : supposition qui ne peut se soutenir que par des philosophes qui s'entêtent pour des mots.

PROPOSITION IX.

« Plus une chose a de réalité ou d'être, plus elle a d'attributs ».

DÉMONSTRATION.

« Cela est démontré par la quatrième définition ».

Quand on avance une proposition, il faudrait, avant d'en chercher la preuve, lui donner un sens clair et déterminé : prouver une proposition qui n'a point de sens, ou ne rien prouver, c'est la même chose. Or nous n'avons aucune idée de ce qui est signifié par les mots *réalité, être, attribut* ; je parle des attributs qui constituent l'essence, parce que c'est d'eux qu'il s'agit. (Voyez la définition IV). Attribut signifie-t-il quelque chose de différent de la réalité ? En ce cas, que sera-t-il donc, et pourquoi y aurait-il d'autant plus d'attributs qu'il y aurait plus de réalité ? Si au contraire l'attribut, ou ce qui constitue l'essence, est la même chose que la réalité, cette proposition est tout-à-fait frivole ; c'est dire que plus une chose a de réalité, plus elle a de réalité. Une pareille proposition mérite bien d'être prouvée par une définition de mot. Voyez ce que j'ai dit sur la quatrième définition.

PROPOSITION X.

« Chaque attribut d'une substance doit être conçu par lui-même ».

DÉMONSTRATION.

« L'attribut est ce que l'entendement aperçoit comme constituant l'essence de la substance (Définit. IV) ; ainsi (Définition III) il doit être conçu par lui-même ».

Voyez ce qui a été dit sur les définitions qui servent de preuve à cette prétendue démonstration.

Scholie.

« Il paraît par là, que, quoique l'on conçoive deux attributs comme

CHAPITRE X.

réellement distingués, c'est-à-dire, que l'on conçoive l'un sans le secours de l'autre, nous n'en pouvons cependant pas conclure qu'ils constituent deux substances différentes ».

Pour moi, j'en jugerais tout autrement. La substance est ce qui est conçu par soi-même (Défin. III). L'attribut, par cette dernière proposition, est aussi conçu par lui-même. Donc, s'il y a deux attributs, il y a deux substances.

« Car il est de la nature de la substance que chacun de ses attributs soit conçu par lui-même, puisque tous les attributs qu'elle a, ont toujours été conjointement en elle, et que l'un n'a pas pu produire l'autre, mais chacun exprime la réalité ou l'être de la substance. Bien loin donc qu'il soit absurde de donner plusieurs attributs à une substance, il n'y a rien au contraire de plus clair que chaque être doit être conçu sous quelque attribut ; et que plus il a de réalité ou d'être, plus il a d'attributs qui expriment la nécessité, l'éternité et l'infinité. Par conséquent, il est encore fort clair qu'un être absolument infini doit nécessairement être défini (comme nous l'avons fait dans la VI Définition), celui qui a une infinité d'attributs, dont chacun exprime une essence éternelle et infinie ».

Les mots *nature, substance, attribut, être, réalité, exprime, éternité, infinité*, peuvent-ils, après le peu de soin qu'a pris Spinoza pour en déterminer le sens, rendre un discours aussi clair qu'il le dit ?

« Que si quelqu'un demande à quel signe on pourra reconnaître la différence des substances, il n'a qu'à lire les propositions suivantes. On y démontre que *dans la nature* il n'y a qu'une seule et unique substance, qui est absolument infinie. C'est pourquoi on chercherait ce signe vainement ».

Souvenons-nous bien de ces mots, *dans la nature*, et nous verrons si l'on tiendra ce qu'ils promettent.

PROPOSITION XI.

« Dieu, ou une substance qui contient une infinité d'attributs, dont chacun exprime une essence éternelle et infinie, existe nécessairement ».

Étienne Bonnot de Condillac

Première Démonstration.

« Si vous le niez, concevez, s'il se peut, que Dieu n'existe pas. Donc (Axiome VII) son essence ne renferme pas l'existence. Or (proposition VII), cela est absurde. Donc Dieu existe nécessairement ».

Les raisonnements de Spinoza sont si peu heureux, qu'on ne saurait convenir avec lui, même quand il paraît se rapprocher de la vérité. Comment peut-il me proposer de concevoir que Dieu existe ou n'existe pas, si dans tout son système il ne m'a pas encore appris à concevoir les idées, non de ces mots, mais de ces choses, *substance, infinité, attribut, essence, Dieu* ? D'ailleurs, si je concevais que Dieu n'existe pas, il s'ensuivrait que je me serais fait des idées fort extraordinaires ; mais on ne pourrait pas conclure que Dieu n'existe pas en effet, ou que son essence ne renferme pas l'existence. Enfin, quand la septième proposition aurait été bien démontrée, elle ne prouverait pas qu'il fût absurde que l'essence d'une substance qui contiendrait une infinité d'attributs, dont chacun exprime une essence éternelle et infinie, ne renfermât pas l'existence ; elle prouverait tout au plus qu'il est de la nature de la substance d'exister. (Voyez la septième proposition). Or il me semble qu'il y a quelque différence entre dire qu'il est de la nature de la substance d'exister, et dire qu'il est de la nature d'une substance, qui contient une infinité d'attributs, dont chacun exprime une essence éternelle et infinie, d'exister. Il est évident que Spinoza donne ici plus d'étendue à la septième proposition qu'elle n'en avait. Il lui reste encore à prouver que cette même substance, qui, par la septième proposition, existe de sa nature, contient une infinité d'attributs, dont chacun exprime son essence éternelle et infinie, ce qu'il n'entreprend nulle part.

Démonstration II.

« On doit autant assigner la raison ou la cause pourquoi une chose existe, que pourquoi elle n'existe pas ; par exemple, si un triangle existe, il en faut donner la raison ; de même, s'il n'existe pas, il en faut dire la cause. Cette cause doit être dans la nature de la chose, ou au-dehors : par exemple, la nature d'un cercle carré indique la raison pourquoi il n'existe pas ; c'est qu'il y a contradiction. Il suit aussi de la nature de la substance pourquoi elle existe, c'est quelle renferme l'existence (Proposition VII). Pour la raison de l'existence ou de la non-existence d'un cercle et d'un triangle, elle ne vient pas de leur nature, mais de l'ordre de la nature universelle des corps ; car c'est une suite de cet ordre, ou que le triangle existe déjà, nécessairement, ou qu'il soit impossible qu'il existe ; ces choses sont claires par elles-mêmes. De là il suit qu'une chose existe nécessairement, quand aucune cause, aucune raison n'en empêche l'existence. C'est pourquoi, s'il n'y a aucune raison, aucune cause qui empêche Dieu d'exister, il faut absolument conclure qu'il existe nécessairement. Mais, s'il y avait une telle raison, une telle cause, elle serait dans la nature de dieu ou au-dehors. Si elle était au-dehors, elle serait dans une substance d'une nature différente, car si elle était dans une substance de même nature, ce serait convenir qu'il y a un Dieu. Mais une substance qui serait d'une nature différente, ne pourrait avoir rien de commun avec Dieu (Prop. II). Par conséquent elle ne pourrait ni lui donner l'existence, ni l'en priver.

« Puisqu'il ne peut y avoir hors de la nature divine aucune cause qui empêche l'existence de Dieu, il faudrait, s'il n'existait pas, qu'il y en eût une raison dans sa nature même ; en sorte qu'il y eût contradiction qu'une pareille nature existât. Or il est absurde d'assurer cela d'un être absolument infini et tout parfait. Donc, il n' y a point de cause, soit en Dieu, soit hors de lui, qui en empêche l'existence. Il existe donc nécessairement ».

On doit autant assigner la raison ou la cause pourquoi une chose existe, que pourquoi elle n'existe pas : est-ce à dire que, quelque idée qu'un homme se forme, on doive dire pourquoi il existerait ou il n'existerait pas quelque chose qui y fût conforme ? Cela serait-il bien raisonnable, et doit-on se mettre en peine de prouver qu'il n'y a dans la nature rien de semblable aux idées extravagantes que se font quelquefois les hommes ? D'ailleurs, outre plusieurs défauts qui sont dans cette démonstration une suite de celles qui la précèdent, on suppose que nous connaissons les causes ou les raisons de l'existence et de la non-existence des choses : je laisse à penser si cela est vrai.

DÉMONSTRATION III.

« Pouvoir ne pas exister est impuissance ; au contraire, pouvoir exister est puissance, comme il est évident par soi-même. Or, s'il n'existait nécessairement que des êtres finis, ces êtres seraient plus puissants que l'être absolument infini ; ce qui est absurde, comme il est encore évident par soi-même. Donc, ou rien n'existe, ou un être absolument infini existe nécessairement. Or nous, nous existons en nous, ou dans un être qui existe nécessairement (Ax. I, et Prop. VII). Donc l'être absolument infini, ou Dieu, existe nécessairement ».

Cette démonstration est tournée d'une manière bien singulière et bien abstraite. Que quelqu'un nie l'existence de Dieu, la lui prouvera-t-on en lui disant que, si Dieu n'existait pas, ce serait par impuissance ?

Scholie.

« J'ai voulu, dans cette dernière démonstration, prouver l'existence de Dieu *a posteriori*, afin qu'on en saisisse plus aisément la preuve. Ce n'est pas qu'elle ne suive *a priori* du même fondement. Car, pouvoir exister étant une puissance, il suit que, plus la nature d'une chose a de réalité, plus elle a par elle-même de force pour exister. Or un être absolument infini, ou Dieu, a par lui-même une puissance infinie pour exister ; par conséquent il existe nécessairement ».

Il y aurait contradiction qu'une chose qu'on suppose absolument infinie, et qui, par conséquent, renferme l'existence, n'existât pas. Spinoza devrait démontrer qu'il y a, dans la nature, un objet qui répond à l'idée qu'il se fait de Dieu. Autrement ses démonstrations, vraies tout au plus par rapport à sa façon de concevoir, ne prouveront rien pour la chose même.

Quand il dit Dieu infini, il abuse de ce terme pour en conclure qu'il n'existe rien qui ne soit un attribut ou une modification de Dieu.

Ce philosophe continue, et dit que ceux qui sont accoutumés à considérer les choses produites par des causes externes, et qui jugent qu'elles peuvent difficilement exister, lorsqu'ils conçoivent que plusieurs réalités leur appartiennent, auront peut-être de la peine à suivre sa démonstration. A quoi il répond qu'à la vérité ces choses doivent leur existence et toutes leurs perfections à la vertu de leur cause ; mais il ajoute qu'il n'est pas question d'elles, et qu'il ne parle que des substances qui ne peuvent point être produites, et finit par ces mots :

« Une substance ne doit à aucune cause externe rien de ce qu'elle a de perfection : c'est pourquoi son existence doit suivre de sa seule nature, et elle n'est pas distincte de son essence. La perfection n'empêche pas l'existence d'une chose, elle la confirme : c'est l'imperfection qui y est contraire. Il n'y a donc rien dont l'existence soit plus certaine que celle d'un être absolument infini ou parfait, c'est-à-dire, que celle de Dieu. Puisque son essence exclut toute imperfection, et qu'elle renferme une perfection absolue, elle lève tous les doutes qu'on pourrait avoir sur son existence, et nous donne une certitude parfaite. C'est ce qui sera, je pense, évident à quiconque y fera une médiocre attention ».

Il est bien plus évident que cette essence dont parle Spinoza n'est qu'idéale, et par conséquent l'existence qu'il en infère n'est qu'idéale également.

PROPOSITION XIII.

« On ne peut concevoir dans la substance aucun attribut d'où il suive qu'elle soit divisible ».

DÉMONSTRATION.

« Ou les parties conserveraient après la division la nature de la substance, ou non. Si on suppose le premier, chaque partie (Prop. VIII) sera infinie, cause de soi-même (Prop. VI), et (Prop. V) elle aura un attribut différent. Ainsi, d'une seule substance, il pourra s'en faire plusieurs, ce qui (Prop. VI) est absurde ».

« Ajoutez que les parties (Prop. II) n'auraient rien de commun avec leur tout, et que le tout (Déf. IV. et Prop. X) pourrait exister et être conçu sans ses parties ; ce que tout le monde reconnaîtra absurde ».

« Si, au contraire, les parties ne conservaient pas la nature de la substance, la substance perdrait donc sa nature, et cesserait d'être, dès qu'elle serait divisée en parties égales ; ce qui serait absurde (Propos. VII) ».

Étienne Bonnot de Condillac

Plus on avance, plus Spinoza est aisé à réfuter, parce que les vices de ses raisonnements se multiplient, à proportion que ses dernières preuves supposent un plus grand nombre de propositions. Cette démonstration a non seulement tous les défauts des Propositions II, V, VI, VII, VIII, X, mais encore tous ceux des autres d'où celles-ci dépendent. Je renvoie à ce que j'ai dit.

PROPOSITION XIII.

« Une substance absolument infinie est indivisible ».

DÉMONSTRATION.

« Si elle était divisible, les parties conserveraient après la division la nature d'une substance absolument infinie, ou non. Si on suppose le premier, il y aura plusieurs substances de même nature ; ce qui (Prop. V) est absurde. Si on suppose le second, par la même raison que ci-dessus, la substance absolument infinie cessera d'être ; ce qui (Prop. XI) est encore absurde ».

On voit que cette démonstration pèche comme la précédente.

COROLLAIRE.

« Il suit de là que nulle substance, et par conséquent nulle substance corporelle, en tant que substance, n'est divisible ».

Scholie.

« De cela seul qui est de la nature de la substance d'être conçue infinie, il suit qu'elle est indivisible. Car, par une partie de substance, on ne pourrait entendre qu'une substance finie ; ainsi (Proposit. VIII) ce serait tomber dans une contradiction ».

Spinoza convient donc que la substance corporelle est divisible, mais il nie qu'elle le soit en tant que substance. Ce sera donc en tant que mode : aussi dira-t-il bientôt que la substance corporelle n'est qu'une affection des attributs de Dieu.

PROPOSITION XIV

« Il ne peut y avoir, et on ne peut concevoir d'autre substance que

Dieu ».

DÉMONSTRATION.

« Dès que Dieu est un être absolument infini, dont on ne peut nier aucun des attributs qui expriment l'essence de la substance (Déf. VI), et qu'il existe nécessairement (Proposit. XI) ; s'il y avait quelque substance distincte de Dieu, il faudrait l'expliquer par quelque attribut de Dieu. Dès lors il y aurait deux substances de même attribut ; ce qui (Prop. V) est absurde. Donc il n'y a pas d'autre substance que Dieu, et par conséquent, on n'en saurait concevoir d'autre : car celle qui serait conçue, le devrait être comme existante. Or, par la première partie de cette démonstration, cela est absurde : donc il ne peut y avoir, et on ne peut concevoir d'autre substance que Dieu ».

Je me répéterais trop, si je voulais faire voir tous les défauts de cette démonstration : je renvoie à ce que j'ai dit.

COROLLAIRE I.

« De-là il suit clairement, 1°. qu'il n'y a qu'un Dieu, c'est-à-dire, (Prop.VI) qu'il n'y a, *dans la nature*, qu'une seule substance, et quelle est absolument infinie, comme nous l'avons fait entendre dans le scholie de la dixième Proposition ».

Remarquez que la démonstration n'est appuyée que sur une dé-finition de mot, et jugez si on était autorisé à employer dans le corollaire cette expression, *dans la nature*.

COROLLAIRE II.

« Il suit, en second lieu, de cette démonstration, que la chose éten-due et la chose pensante sont des attributs de Dieu, ou (Axiome I) des affections de ses attributs ».

Il n'y a personne qui ne puisse se former une idée abstraite de la substance, et réaliser cette idée, en supposant qu'elle répond à un objet qui existe en effet dans la nature. Cela fait, on ne pourra plus se représenter les êtres finis comme autant de substances. Car l'idée abstraite de la substance une fois réalisée, on se représentera la substance partout la même, partout immuable, nécessaire ; et,

quelque variété qu'on suppose dans les êtres finis, on ne les concevra plus comme faisant multitude : on les imaginera comme une
seule et même substance qui se modifie différemment. Voilà ce qui
est arrivé à Spinoza.

Les plus anciens philosophes ont aussi avancé qu'il n'y a qu'une
seule substance. Mais, par la manière dont les Stoïciens s'expliquent, il paraît que cette substance n'est une qu'improprement,
et qu'elle est dans le vrai un composé, un amas de substances. Ils
ne la disaient une, que parce qu'ils la considéraient sous l'idée abstraite de tout, et comme étant la collection de tout ce qui existe, où
même ils n'ont jamais trop cherché à déterminer ce qui en constitue l'unité. Spinoza, voulant se mettre à l'abri de ce reproche, l'a
fait une à force d'abstraction. Mais, si la substance des Stoïciens est
trop composée pour être une, la sienne est trop abstraite pour être
quelque chose.

PROPOSITION XV.

« Tout ce qui est, est en Dieu, et rien ne peut exister, ni être conçu
sans Dieu ».

DÉMONSTRATION.

« Il n'y a pas d'autre substance que Dieu, on n'en saurait concevoir d'autre (Prop. XIV) ; c'est-à-dire (Définit. III), qu'il est la seule
chose qui soit en elle-même, et qui se conçoive par elle-même.
Mais les modes (Déf. V) ne peuvent exister ni être conçus sans la
substance. Ils ne peuvent donc exister que dans la nature divine,
et ne peuvent être conçus que par elle. Or tout ce qui est, est substance ou mode (Ax. I). Donc, etc. »

Les créatures ne sont donc plus que des modes de la substance
divine, comme Spinoza le dira plus bas : imagination trop extrava-
gante et trop mal prouvée pour nous y arrêter.

Remarquez toujours que les démonstrations de Spinoza prouvent
certains rapports entre des mots auxquels il a attaché des idées
abstraites : mais on n'en peut rien conclure pour les choses telles
qu'elles sont dans la nature.

Scholie.

Dans ce scholie, Spinoza répond à quelques objections qu'il se fait faire par ceux qui ne conçoivent pas que la substance étendue soit un attribut de Dieu, et que la matière appartienne à la nature divine : mais, comme il ne donne à ses réponses d'autre fondement que les propositions que nous avons déjà réfutées, je crois pouvoir me dispenser de traduire ce morceau.

PROPOSITION XVI.

« Une infinité de choses, c'est-à-dire, tout ce qui peut tomber sous un entendement infini, doit suivre en une infinité de façons de la nécessité de la nature divine ».

DÉMONSTRATION.

« Cette proposition doit être manifeste à tout le monde, pourvu qu'on fasse attention que, dès que l'entendement aperçoit la définition d'une chose quelconque, il en conclut plusieurs propriétés qui, en effet, suivent nécessairement de la définition de cette chose ou de son essence ; et on en conclut d'autant plus de propriétés, que la *définition* de la chose exprime plus de réalité, c'est-à-dire, que son *essence* renferme plus de réalité. Or, puisque l'essence divine a une infinité absolue d'attributs (Déf. VI), dont chacun en son genre exprime une essence infinie, il doit suivre, de la nécessité de sa nature, une infinité de choses en une infinité de façons, c'est-à-dire, toutes les choses qui peuvent tomber sous un entendement infini ».

Voilà une définition (la sixième) qui est bien féconde. J'ai eu raison de remarquer la précaution avec laquelle Spinoza l'a faite. Il suppose visiblement, dans cette démonstration, que la définition et l'essence ne sont qu'une même chose. Cependant la sixième définition ne prouve pas, quoi qu'il en dise, que la nature divine *ait une infinité d'attributs*, dont chacun en son genre exprime une essence infinie ; elle nous apprend seulement ce qu'il entend par le mot de *Dieu*.

Premier Corollaire.

« De-là il suit, 1°. que Dieu est cause efficiente de tout ce que peut apercevoir un entendement infini ».

Corollaire II.

« 2°. Que Dieu est cause par lui-même et non par accident ».

Corollaire III.

« 3°. Qu'il est absolument la première cause ».

Spinoza n'a point défini ces mots, *cause efficiente, cause par soi-même, cause par accident, cause première.* Il aurait cependant été d'autant plus obligé de le faire, qu'il paraît par la suite leur donner un sens bien différent de celui qu'ils ont communément.

Proposition. XVII.

« Dieu agit par les seules lois de sa nature, et il n'y a aucun être qui le puisse contraindre ».

Démonstration.

« Nous venons de démontrer (Proposit. XVI) qu'une infinité de choses suivent de la seule nécessité de la nature divine, ou, ce qui est la même chose, des seules lois de cette nature ; et nous avons démontré (Prop. XV) que rien ne peut exister ni être conçu sans Dieu, mais que tout est en Dieu. Il ne peut donc rien y avoir hors de lui qui le détermine ou qui le force à agir. Par conséquent Dieu agit par les seules lois de sa nature, et il n'y a aucun être qui le puisse contraindre ».

Corollaire I.

« Il suit, 1°. qu'il n'y a aucune cause, si l'on excepte la perfection de la nature divine, qui, soit intrinsèquement, soit extrinsèquement, porte Dieu à agir ».

Corollaire II.

« 2°. Que Dieu seul est une cause libre. En effet, il n'y a que lui qui existe par la seule nécessité de sa nature (Prop. XI et Corol. de la Prop. XIV), et qui agisse par la seule nécessité de sa nature (Prop. précéd.). Par conséquent (Déf. VII) il est la seule cause libre ».

C'est là ce que tout autre appellerait une cause nécessaire.

Scholie.

Spinoza répond par ses principes à quelques objections qu'il se fait. Pour abréger ce chapitre, déjà trop long, je ne traduirai point ce scholie. Je remarquerai seulement que, pour expliquer comment toutes choses suivent de la nature divine, il dit qu'elles en suivent par une nécessité pareille à celle par laquelle il suit de toute éternité, et suivra éternellement de la nature du triangle, que ses trois angles sont égaux à deux droits. Cela étant, je ne sais plus ce que c'est qu'être cause ; car je ne sache pas qu'on se soit jamais avisé de dire que la nature du triangle fût *cause efficiente, par soi-même et première* de l'égalité des trois angles du triangle à deux droits. Je ne sais pas non plus ce que c'est, dans le langage de Spinoza, qu'agir par rapport à Dieu, parce que je ne vois pas que la nature du triangle agisse pour produire l'égalité de ses trois angles à deux droits.

Si donc tout suit de la nature divine par la même nécessité que l'égalité des trois angles d'un triangle à deux droits suit de la nature du triangle, j'en infère une évidente contradiction : c'est que dans la nature tout se fait sans qu'il y ait d'action. Mais il n'est pas nécessaire de presser si fort Spinoza.

Proposition XVIII.

« Dieu est cause immanente de tout, et il n'en est pas cause passagère ».

Démonstration.

« Tout ce qui est, est en Dieu, et doit être conçu par Dieu (Prop. XV) ; ce qui est la première partie. Il n'y a point de substance hors de Dieu (Propos. XIV), c'est-à-dire, de choses qui hors de Dieu soient en elles-mêmes (Déf. III) ; ce qui est la seconde partie : donc, Dieu est cause, etc. »

Quoi que Spinoza veuille dire par les mots de *cause immanente* et de *cause passagère* qu'il n'a pas définis, on connaît le peu de solidité des propositions sur lesquelles il s'appuie.

PROPOSITION XIX.

« Dieu, ou tous les attributs de Dieu sont éternels ».

DÉMONSTRATION.

« Dieu est une substance (Déf. VI) qui (Prop. XI) existe nécessairement, c'est-à-dire (Prop. VII), à la nature de laquelle il appartient d'exister, *ou, ce qui est la même chose, de la définition de laquelle suit l'existence*. Dieu (Propos. VIII) est donc éternel ».

« Il faut entendre par les attributs de Dieu ce qui (Déf. IV) exprime l'essence de la substance divine, c'est-à-dire, ce qui appartient à la substance : c'est, dis-je, cela même que les attributs doivent renfermer. Or l'éternité appartient à la nature de la substance (Prop. VII). Donc, chaque attribut doit renfermer l'éternité ; Donc, ils sont tous éternels ».

Cette proposition, bien expliquée, est certainement vraie ; mais il paraît, par tout ce que j'ai dit, qu'elle est ici fort mal prouvée.

Scholie.

« Cette proposition paraît aussi fort clairement par la manière dont j'ai démontré l'existence de Dieu (Proposition XI) ; car la démonstration que j'en ai donnée, fait voir que l'existence de Dieu est, comme son essence, une éternelle vérité. D'ailleurs (Proposition XIX des principes de Descartes) j'ai encore démontré d'une autre façon l'existence de Dieu. Il n'est pas nécessaire de répéter ici cette démonstration » .

PROPOSITION XX.

« L'existence et l'essence de Dieu ne sont qu'une même chose ».

CHAPITRE X.

Démonstration.

« Dieu, par la proposition précédente, est éternel, et ses attributs le sont également, c'est-à-dire (Définition VIII), chacun de ses attributs exprime l'existence. Donc, les mêmes attributs, qui (Définition IV) expliquent l'essence éternelle de Dieu, expliquent aussi son existence éternelle ; c'est-à-dire, que ce qui constitue l'essence de Dieu, constitue aussi son existence : donc, son essence et son existence, etc. »

Voilà bien des mots souvent répétés, et dont je doute qu'on puisse se faire des idées claires et déterminées. Quand je passerai sur de pareilles démonstrations sans rien dire, c'est que je renvoie à ce que j'aurai remarqué sur les propositions qui leur servent de fondement. On peut s'apercevoir que je ne relève pas tous les défauts des dernières démonstrations ; mais les critiques qui ont précédé, peuvent les faire découvrir.

Corollaire I.

« Donc l'existence de Dieu est une vérité éternelle comme son essence ».

Corollaire II.

« Dieu ou tous ses attributs sont immuables. Car, s'ils changeaient, quant à l'existence, ils changeraient aussi (Proposition précédente) quant à l'essence ; c'est-à-dire, comme il est évident, qu'ils de viendraient faux, de vrais qu'ils sont ; ce qui est absurde ».

Proposition XXI.

« Tout ce qui suit de l'absolue nature de quelque attribut de Dieu, a dû toujours exister, et être toujours infini ; ou il est, par cet attribut d'où il suit, éternel et infini ».

Démonstration.

« Concevez, s'il est possible, que dans un attribut de Dieu quelque chose de fini, et qui ait une existence ou une durée déterminée, suive de sa nature absolue. Prenons pour exemple l'idée de Dieu dans la pensée. La pensée, dès qu'on la conçoit comme attribut de Dieu, est nécessairement (Proposition XI) infinie de sa nature ; mais, en tant qu'elle renferme l'idée de Dieu, on la suppose finie. Or (Définition II) on ne la peut concevoir finie, si elle n'est terminée par la pensée ; mais elle ne peut être terminée par la pensée, en tant que la pensée constitue l'idée de Dieu, car alors la pensée est supposée finie ; c'est donc par la pensée, en tant qu'elle ne constitue pas l'idée de Dieu, et qui cependant (Proposition XI) doit exister nécessairement. Il y a donc une pensée qui ne constitue pas l'idée de Dieu. Par conséquent l'idée de Dieu ne suit pas nécessairement de la nature de cette pensée, en tant que cette pensée est absolue : car on conçoit cette pensée comme constituant et ne constituant pas l'idée de Dieu : ce qui est contre l'hypothèse. C'est pourquoi, si l'idée de Dieu dans la pensée, ou quelque autre chose (le choix de l'exemple est indifférent, parce que la démonstration est universelle), dans un attribut de Dieu suit de la nécessité de la nature absolue de cet attribut, cette idée ou cette autre chose doit nécessairement être infinie : ce qui était la première partie ».

« Ce qui suit nécessairement de la nature de quelque attribut ne peut pas avoir une durée déterminée. Si vous le niez, supposons qu'une chose qui suit de la nécessité de la nature de quelque attribut de Dieu, soit dans quelque attribut de Dieu, par exemple, l'idée de Dieu dans la pensée, et supposons qu'elle n'ait pas toujours existé, ou qu'elle doive cesser d'exister. Puisque nous supposons que la pensée est un attribut de Dieu, elle doit exister nécessairement et immuablement (Proposition XI et Corollaire II de la Proposition XX). Ainsi la pensée devra exister au-delà de la durée de l'idée de Dieu, elle existera sans cette idée ; (car nous supposons que cette idée n'a pas toujours été ou qu'elle ne sera pas toujours) : or cela est contre l'hypothèse ; car nous supposons que la pensée étant donnée, l'idée en suit nécessairement. Donc l'idée de Dieu dans la pensée, ou une chose quelconque qui suit nécessairement de la nature absolue de quelque attribut de Dieu, ne peut pas avoir une durée déterminée ; mais elle doit par cet attribut être éternelle, ce qui était la seconde partie. Notez qu'il en faut dire autant de quelque chose que ce puisse être, qui dans un attribut de Dieu suive nécessairement de la nature absolue de Dieu ».

CHAPITRE X.

Cette façon de raisonner est si singulière, que je ne concevrais pas comment elle peut tomber dans l'esprit, si je ne savais combien on s'aveugle quand on a une fois adopté un système. Si c'est là raisonner sur des idées claires, j'y suis fort trompé. Pour moi, je ne puis suivre Spinoza dans ses suppositions. *L'idée de Dieu dans la pensée, la pensée tantôt finie, tantôt infinie, qui constitue ou ne constitue pas l'idée de Dieu*, sont des choses trop abstraites, ou plutôt ce sont des mots où j'avoue que je ne comprends rien, et où j'ai peine à croire qu'on puisse comprendre quelque chose. Spinoza aurait dû apporter un exemple qui eût donné plus de prise à sa démonstration.

Proposition XXII.

« Tout ce qui suit de quelque attribut de Dieu, en tant que modifié par une modification nécessaire et infinie, doit aussi être nécessaire et infini ».

Démonstration.

« Elle se fait comme la précédente ». Elle est donc encore inintelligible.

Proposition XXIII.

« Tout mode qui est nécessaire et infini, a dû nécessairement suivre de la nature absolue de quelque attribut de Dieu, ou de quelque attribut modifié d'une modification nécessaire et infinie ».

Démonstration.

« Un mode est ce qui est dans un autre, par quoi il doit être conçu (Définition V), c'est-à-dire (Proposition XV), dans Dieu seul, et ne peut être conçu que par Dieu seul. Si l'on conçoit donc qu'un mode est infini et existe nécessairement, il faut que ce soit par quelque attribut de Dieu, en tant que l'on conçoit que cet attribut exprime l'infinité et la nécessité d'exister, ou, ce qui est la même chose (Définition VIII), l'éternité ; c'est-à-dire, (Définition VI et Proposition XIX) en tant qu'on le considère absolument. Un mode qui est nécessaire et infini, a donc dû suivre de la nature absolue de quelque attribut de Dieu ; ce qui se fait ou immédiatement

(Proposition XXI), ou par le moyen de quelque modification qui suit de la nature absolue de l'attribut, c'est-à-dire (Proposition précédente), qui soit nécessaire et infinie ».

Je demande ce que c'est qu'un mode qui suit nécessairement de la nature absolue d'un attribut de Dieu, soit immédiatement, soit par le moyen d'une modification qui modifie l'attribut. Spinoza ne l'explique nulle part, et n'en rapporte aucun exemple. Il n'est donc pas possible de deviner quelle vérité renferme cette prétendue démonstration.

Proposition XXIV.

« L'essence des choses que Dieu a produites ne renferme pas l'existence ».

Démonstration.

« Cela paraît par la première définition ; car une chose est cause d'elle-même et existe par la seule nécessité de sa nature, quand sa nature (considérée en elle-même) renferme l'existence ».

Corollaire.

« De là il suit que Dieu est non seulement la cause qui fait que les choses commencent d'exister, c'est encore par lui qu'elles se conservent existantes ; ou pour me servir d'un terme scholastique, Dieu est cause *essendi rerum*. Car, soit que les choses existent, soit qu'elles n'existent pas, nous découvrons que leur essence, quand nous y voulons faire attention, ne renferme ni l'existence ni la durée. Par conséquent leur essence ne peut être cause ni de leur existence ni de leur durée. Mais Dieu seul peut l'être, à la seule nature de qui il appartient d'exister (Corollaire I de la Proposition XIV) ».

Proposition XXV.

« Dieu est non seulement la cause efficiente de l'existence des choses, il l'est encore de leur essence ».

Démonstration.

« Si vous le niez, donc Dieu n'est pas la cause de l'essence des choses. Donc l'essence des choses (Axiome IV) peut être conçue sans Dieu. Or cela (Proposition XV) est absurde : donc, Dieu est la cause de l'essence des choses ».

Scholie.

« Cette proposition suit plus clairement de la seizième. Car c'est une suite de cette seizième proposition, que la nature divine étant donnée, l'essence des choses en doit suivre aussi nécessairement que leur existence : pour le dire en un mot, Dieu doit être la cause de tout, dans le même sens qu'il est cause de lui-même. C'est ce que le corollaire suivant prouvera encore plus clairement ».

Corollaire.

« Les choses particulières ne sont rien autre que les affections ou les modes, qui expriment d'une façon certaine et déterminée les attributs de Dieu. Cela est démontré par la quinzième proposition et la cinquième définition ».

Plus Spinoza emploie ces mots de *cause, action, production,* plus on y trouve de confusion. *Dieu est cause de tout dans le même sens qu'il est cause de lui-même.* Mais, s'il est cause de lui-même, ce n'est pas qu'il agisse pour se donner l'existence, ou qu'il se produise. Il n'agit donc pas pour donner l'existence aux autres choses, il ne les produit pas ; et il n'y a proprement dans toute la nature ni action, ni production, ni cause, ni effet.

Proposition XXVI.

« Une chose qui est déterminée à agir, a été ainsi déterminée par Dieu, et celle que Dieu ne détermine pas, ne peut pas se déterminer elle-même ».

Démonstration.

« Ce qui détermine une chose à agir est nécessairement quelque chose de positif, comme il est évident : par conséquent, Dieu, par la nécessité de sa nature, est la cause efficiente de l'essence de cette chose comme de son existence (Proposition XXV et XVI) : c'est la première partie. La seconde en suit clairement. Car, si une chose que Dieu ne déterminerait pas, pouvait se déterminer, la première partie serait fausse. Or cela est absurde, comme nous l'avons fait voir ».

Toujours même confusion. Si, dans Spinoza, les mots de *cause* et d'*action* ne signifient rien, ceux de *déterminer à agir* n'ont pas plus de sens. Il semble que Spinoza n'ait appelé Dieu cause de lui-même, qu'afin de pouvoir dire qu'il est cause des autres choses. Il lui paraissait absurde qu'une infinité de choses existassent, et qu'il n'y eût ni cause ni effet. Pour tenir un langage en apparence plus sensé, il a été obligé de dire que Dieu est cause de lui-même : mais, puisque Dieu, à proprement parler, n'est pas cause de lui-même, ce serait une suite des principes de Spinoza qu'il ne le soit pas des choses particulières.

Spinoza aurait pu dire que Dieu est l'effet de lui-même : car, s'il est cause des autres choses dans le même sens qu'il est cause de lui-même, il est l'effet de lui-même dans le même sens que les autres choses en sont l'effet : cela est réciproque. Or que penser d'un langage qui mène à dire qu'une substance s'est produite elle-même ? Peut-on faire un plus grand abus des termes ?

Si cette proposition, *Dieu est cause de lui-même*, signifie que l'essence de Dieu renferme l'existence de Dieu comme la première définition le suppose ; celle-ci, *Dieu est cause des choses particulières*, signifie que l'essence de Dieu renferme l'existence des choses particulières. Car c'est au même sens que Dieu est cause dans l'un et l'autre cas. Dieu ne donne donc pas plus l'existence aux choses particulières qu'à lui-même ; elles n'existent que parce qu'elles appartiennent comme lui à une même essence ; et il n'y a proprement, comme je l'ai déjà remarqué, ni action, ni production. Ces conséquences sont des suites nécessaires du système de Spinoza ; mais elles se réfutent d'elles-mêmes.

PROPOSITION XXVII.

« Une chose que Dieu a lui-même déterminée à agir, ne peut se rendre elle-même indéterminée ».

DÉMONSTRATION.

« Le troisième axiome en est la preuve » .

PROPOSITION XXVII.

« Nul être singulier, ou nulle chose finie, et qui a une existence déterminée, ne peut exister ni être déterminée à agir, si une autre cause finie, et qui a aussi une existence déterminée, ne la détermine à exister et à agir. Celle-ci ne peut pas non plus exister, ni être déterminée à agir, si elle n'est encore déterminée par une autre cause qui soit aussi finie et qui ait une existence déterminée : et ainsi à l'infini ».

« Tout ce qui est déterminé à exister et à agir, y est déterminé par Dieu (Proposition XXVI, et Corollaire de la Proposition XXIV). Mais ce qui est fini, et qui a une existence déterminée, n'a pas pu être produit par la nature absolue de quelque attribut de Dieu : car tout ce qui suit de la nature absolue de quelque attribut de Dieu, est infini et éternel (Proposition X XI). Il a donc dû suivre de Dieu ou de quelque attribut divin, en tant qu'on le considère modifié de quelque façon : car il n'y a rien qui ne soit substance ou mode (Axiome I, Définitions III et V), et les modes (Corollaire de la Proposition XXV) ne sont que les affections des attributs de Dieu. Mais ce qui est fini et a une existence déterminée, n'a pas pu suivre non plus de Dieu ou de quelqu'un de ses attributs, en tant que modifié d'une modification éternelle et infinie (Proposition XXII). Il a donc dû suivre de Dieu ou de quelque attribut divin, modifié d'une modification finie, et dont l'existence est déterminée, et aucune autre cause n'a pu le déterminer à exister et à agir. Voilà la première partie ».

« Cette cause ou ce mode, par la même raison que dans la première partie, a dû encore être déterminée par une autre cause finie et d'une existence déterminée ; celle-ci encore par une autre, et ainsi à l'infini, toujours par la même raison ».

Dieu, ou un être infiniment parfait, devient donc inutile dans le système de Spinoza ; en voici la preuve. Une chose finie ne peut être déterminée à exister et à agir, que par une cause finie (Proposition précédente). Dieu, en tant qu'infini, ne détermine pas les choses finies, il ne détermine pas même Dieu modifié d'une modification finie ; car, si ces choses étaient déterminées par Dieu, en tant qu'infini, elles seraient infinies (Proposition XXI et XXII) ; ce qui serait contre la supposition. Toutes les causes finies sont donc déterminées par d'autres causes finies ; en sorte qu'il s'en forme un progrès à l'infini, sans qu'on puisse arriver à une cause infinie, qui ait déterminé quelqu'une d'elles. Dieu en tant qu'infini ne détermine donc point les choses finies à exister et à agir. Elles peuvent donc exister sans Dieu, en tant qu'infini, c'est-à-dire (Définition VI), sans Dieu. Une autre absurdité, c'est que les choses particulières étant (Corollaire de la Proposition XXV) des modes de Dieu, il s'ensuivrait que les modes peuvent exister sans leur substance.

Si Spinoza veut que Dieu ou l'être infini détermine l'existence de tous les êtres, il doit conclure de ses principes que tout est infini, et que nous sommes nous-mêmes des modes infinis de la divinité. Je le prouve.

Dieu seul détermine à exister tout ce qui existe (Proposition XVI et XVIII). Donc, nous sommes déterminés à exister par lui. Or les choses qui suivent d'une substance infinie, ou qui sont déterminées à exister par une substance infinie, sont également infinies (Proposition XXI et XXII). Dieu est une substance infinie (Définition VI) ; donc chacun de nous est également infini.

Cette ridicule proposition, pourrait se soutenir aussi bien qu'une suite de causes qui par un progrès à l'infini se déterminent sans qu'il soit possible d'arriver à la première : l'absurdité est égale des deux côtés.

Qu'on examine bien ce système, et on reconnaîtra que les êtres finis paraissent exister à part et indépendamment de l'être infini, puisqu'ils se suffisent pour déterminer leur existence ; et qu'ils ne sauraient être déterminés par Dieu en tant qu'infini, c'est-à-dire, par Dieu, sans devenir eux-mêmes infinis.

Scholie.

Spinoza remarque ici que Dieu est cause prochaine des choses qu'il produit immédiatement ; qu'il n'est pas cause en son genre, et qu'enfin on ne peut pas dire qu'il soit cause éloignée des êtres singuliers. Mais il n'explique sa pensée, ni par des exemples, ni par des définitions exactes, et il continue toujours d'être également obscur.

PROPOSITION XXIX.

« Il n'y a rien de contingent dans la nature, tout est déterminé par la nécessité de la nature divine à exister et à agir d'une façon».

DÉMONSTRATION.

Tout ce qui est, est en Dieu (Proposition XV). Mais on ne peut pas dire que Dieu ne soit une chose contingente, car (Proposition XI) il existe nécessairement. D'ailleurs les modes de la nature divine suivent nécessairement de cette même nature (Proposition XVI), et cela en tant que la nature divine est considérée absolument (Proposition XXI), ou en tant que considérée déterminée à agir d'une certaine façon (Prop. XXVII). Or Dieu n'est pas seulement la cause de ces modes, en tant qu'il existe simplement (Corollaire de la Proposition XXIV), mais encore (Proposition XXVI) en tant qu'on les considère déterminés à agir. Il est impossible et non pas contingent (Proposition XXVI) qu'ils se déterminent eux-mêmes, si Dieu ne les a pas déterminés ; et il est impossible et non pas contingent qu'ils se rendent indéterminés, si Dieu les a déterminés (Proposition XXVII). Ainsi tout est déterminé par la nécessité de la nature divine, non seulement à exister, mais à exister et à agir d'une certaine façon et rien n'est contingent »

Puisque tout être fini doit être déterminé par une cause finie (Proposition XXVIII) quelque effort que fasse Spinoza pour prouver que tout est déterminé par Dieu, il ne peut empêcher qu'il n'y ait selon son système deux ordres de choses tout-à-fait indépendantes : premièrement, l'ordre des choses infinies qui suivent toutes de la nature absolue de Dieu, ou de quelqu'un de ses attributs modifiés d'une modification infinie : en second lieu, l'ordre des choses finies qui suivent toutes les unes des autres, sans qu'on puisse remonter à une première cause infinie qui les ait déterminées à exister. Comment ces deux ordres de choses pourraient-ils ne constituer qu'une seule et même substance ?

Étienne Bonnot de Condillac

Scholie.

Spinoza dit ici qu'il entend par la *nature naturante*, ce qui est en soi et qui est conçu par soi-même, ou, tout attribut qui exprime une essence éternelle et infinie, c'est-à-dire, (Corollaire I de la Proposition XIV, et Corollaire II de la Proposition XVII), Dieu, en tant qu'on le regarde comme une cause libre. Mais il entend par *nature naturée*, tout ce qui suit de la nécessité de la nature de Dieu, ou de chacun de ses attributs, c'est-à-dire, tous les modes des attributs de Dieu, en tant qu'on les regarde comme des choses qui sont en Dieu, et qui ne peuvent exister ni être conçues sans lui.

Les expressions *nature naturée* et *nature naturante* sont si heureuses et si énergiques, qu'il eût été dommage que Spinoza ne les eût pas employées.

PROPOSITION XXX.

« Un entendement en acte fini ou infini, doit comprendre les attributs de Dieu, ses affections, et rien autre ».

DÉMONSTRATION.

« Une idée vraie doit convenir avec son objet (Axiome VI) ; c'est-à-dire comme il est évident de soi-même, que ce qui est contenu objectivement dans l'entendement » doit nécessairement exister dans la nature. Or il n'y a (Corollaire I de la Proposition XIV) dans la nature qu'une seule substance, qui est Dieu ; et il n'y a d'autres affections que celles qui sont en Dieu (Proposition XV) ; et qui ne peuvent exister, ni être conçues sans lui : donc un entendement en acte fini ou infini, etc. »

Dès que le sens de cet axiome, *une idée vraie doit convenir avec son objet*, qui est que les choses doivent être dans la nature, telles qu'elles sont dans l'entendement, rien n'est moins assuré que sa vérité. On voit combien j'ai eu raison de relever ce préjugé qui subsiste encore, et que Spinoza avait trouvé si bien établi, que personne ne le révoquait en doute.

PROPOSITION XXXI.

« Il faut rapporter à la nature naturée, et non à la nature naturante, l'entendement en acte fini ou infini, aussi bien que la volonté, la cupidité, l'amour, etc. »

Démonstration.

« Cette démonstration n'est faite que pour donner un nouveau nom à ce que Spinoza appelle l'entendement en acte fini ou infini ; ce qui ne mérite pas de nous arrêter.

Scholie.

Ce scholie est pour avertir que, quand il parle d'un entendement en acte, ce n'est pas qu'il convienne qu'il y ait un entendement en puissance.

Proposition XXXII.

« On ne peut pas dire que la volonté soit une cause libre, elle n'est que nécessaire ».

Démonstration.

« La volonté n'est, ainsi que l'entendement, qu'un certain mode de pensée, ainsi (Prop. XXVIII) une volition ne peut exister, ni être déterminée à agir, si elle n'est déterminée par une cause qui le soit encore par une autre, et ainsi à l'infini. Si la, volonté est supposée infinie, elle doit aussi être déterminée à exister et à agir par Dieu, non pas en tant qu'il est une substance absolument infinie, mais en tant qu'il a un attribut qui exprime l'essence éternelle et infinie de la pensée (Prop. XXIII). De quelque façon qu'on la conçoive, soit finie, soit infinie, elle demande donc une cause qui la détermine à exister et à agir. Ainsi (Définition VII) on ne la peut pas appeler cause libre : elle est nécessaire et contrainte ».

Une volition déterminée par une suite de causes à l'infini, et une volonté infinie qui est déterminée par Dieu, en tant qu'il a un attribut qui exprime l'essence éternelle et infinie de la pensée : voilà de grands mots ; mais, quand Spinoza en a-t-il donné de justes idées ? et comment y aurait-il pu réussir, s'il l'eût entrepris ?

A suivre le système de ce philosophe, tout se fait par une aveugle nécessité. S'il y a une première cause, ce n'est pas avec connaissance qu'elle agit ; mais c'est que tout suit nécessairement de sa nature. Je ne vois donc pas de quelle utilité peuvent être à ce système les mots d'*entendement* et de *volonté*. En effet, que signifient l'entendement et la volonté dans une cause de la nature de laquelle toutes choses suivent nécessairement, comme l'égalité de trois angles d'un triangle à deux droits, suit de l'essence du triangle ? C'est la comparaison de Spinoza. Aussi refuse-t-il expressément à Dieu l'entendement et la volonté [1], quoique, par les propositions XXX et XXXI, il paraisse admettre un entendement infini.

COROLLAIRE PREMIER.

« De-là il suit, 1°. que Dieu n'agit pas par la liberté de sa volonté ».

COROLLAIRE II.

« 2°. Que la volonté et l'entendement sont, par rapport à la nature divine, comme le mouvement et le repos, et absolument comme toutes les choses naturelles, que Dieu (Propos. XXIX) doit déterminer à exister et à agir d'une certaine façon ; car la volonté, ainsi que toutes les autres choses, a besoin d'une cause qui la détermine à exister et à agir d'une certaine façon. Et, quoique, la volonté et l'entendement étant supposés, il en suive une infinité de choses, on n'a pas plus de raison de dire que Dieu agit par la liberté de sa volonté, que de dire qu'il agit par la liberté du mouvement et du repos, de ce qu'une infinité de choses suivent du mouvement et du repos. C'est pourquoi la volonté n'appartient pas plus à la nature de Dieu que les autres choses naturelles. Mais elle s'y rapporte de la même manière que le mouvement et le repos, et toutes les autres, choses que nous avons fait voir être une suite de la nécessité de la nature divine, et être déterminées par elle à exister et agir d'une certaine façon ».

Quel langage ! se servir du mouvement et du repos pour expliquer la volonté et l'entendement, et les rapporter de la même manière à la nature divine ! On voit bien que Spinoza a senti que, dans ses principes, l'entendement et la volonté sont inutiles à Dieu : mais, qu'il les admette ou qu'il les rejette, son système est toujours éga-

1 Lettre 58 des Œuvres Posthumes, page 570.

lement absurde.

Proposition XXXIII.

« Dieu n'a pas pu produire les choses autrement, ni dans un ordre différent de celui qu'il les a produites ».

Démonstration.

« Tout suit naturellement de la nature divine (Propos. XVI), et est déterminé à exister et à agir d'une certaine façon, par la nécessité de cette même nature (Prop. XXIX). Si les choses pouvaient être d'une autre nature, ou être déterminées à agir d'une autre manière, en sorte que l'ordre de la nature fût tout autre, il pourrait aussi y avoir une nature de Dieu, autre que celle qui est : elle devrait (Prop. XI) également exister ; il pourrait par conséquent y avoir deux dieux ou davantage ; ce qui (Corollaire I de la Propos. XIV) est absurde. Donc, Dieu n'a pas pu produire les choses autrement, ni dans un ordre différent de celui qu'il les a produites »

Il est évident que cette proposition n'est qu'une suite de plusieurs propositions mal prouvées. Il en est de même des trois suivantes.

Scholie I.

Par ce scholie, Spinoza voudrait prouver que, si nous jugeons qu'il y a des choses contingentes, ce n'est que par ignorance ; c'est-à-dire, que ne sachant pas si l'essence des choses renferme quelque contradiction, nous ignorons qu'elles sont impossibles ; ou si nous savons que leur essence ne renferme point de contradiction, nous ne connaissons pas les causes d'où elles suivent nécessairement, et nous ignorons qu'elles sont nécessaires. Or cette ignorance, où nous sommes de leur nécessité ou de leur impossibilité, nous fait juger qu'elles sont contingentes ou possibles.

Scholie II.

Dans ce second scholie, Spinoza tâche de prouver la XXXIII proposition, par les principes de ceux à qui il est contraire. Je ne rapporte pas ses raisonnements à ce sujet, parce qu'ils ne font rien à la vérité de son système.

Étienne Bonnot de Condillac

PROPOSITION XXXIV.

« La puissance de Dieu est son essence même ».

DÉMONSTRATION.

« Il suit de la seule nécessité de l'essence de Dieu, qu'il est cause de lui-même (Prop. XI), et (Prop. XVI et Cor.) qu'il est la cause de toutes choses. Donc la puissance de Dieu, par laquelle lui et toutes choses sont et agissent, est son essence même ».

PROPOSITION XXXV.

« Tout ce que nous concevons être en la puissance de Dieu existe nécessairement ».

DÉMONSTRATION.

« Ce qui est en la puissance de Dieu, est renfermé dans son essence (Proposition précédente), de telle sorte qu'il en suit nécessairement. Tout ce qui est en sa puissance existe donc nécessairement ».

PROPOSITION XXXVI.

« Il n'existe rien dont la nature ne produise quelque effet ».

DÉMONSTRATION.

« Tout ce qui existe, exprime d'une façon certaine et déterminée la nature de Dieu ou son essence (Propos. XXV), c'est-à-dire (Proposition XXXIV), tout ce qui existe exprime d'une façon certaine et déterminée la puissance de Dieu, laquelle est cause de toutes choses. Par conséquent (Prop. XVI) il en doit suivre quelque effet ».

Après toutes ces propositions, Spinoza termine la première partie de son ouvrage, par une espèce de conclusion à laquelle il donne le titre d'appendice.

CHAPITRE X.

APPENDICE.

Il dit d'abord qu'il croit avoir expliqué « la nature de Dieu et ses propriétés ; qu'il existe nécessairement ; qu'il est un ; qu'il n'est et n'agit que par la nécessité de sa nature ; qu'il est cause libre de tout, et comment ; que tout est en Dieu, et que tout dépend tellement de lui, que rien ne peut exister ni être conçu sans lui, et qu'enfin Dieu a tout prédéterminé, non par la liberté de sa volonté et par son bon plaisir, mais par sa nature absolue et sa puissance infinie ».

Il ajoute que, quoiqu'il ait éloigné les préjugés, il en reste encore beaucoup qui peuvent empêcher de saisir la chaîne de ses démonstrations ; et que celui qui est la source de tous les autres, c'est qu'on suppose communément que Dieu et toutes les choses naturelles agissent, comme nous, pour une fin. Il va donc ; 1°. chercher pourquoi on acquiesce à ce préjugé : 2°. il en démontrera, à ce qu'il prétend, le faux : enfin il fera voir comment sont venus de là les préjugés du bien et du mal, du mérite et du démérite, de la louange et du blâme, de l'ordre et du désordre, de la beauté et de la difformité. Mais, comme à cette occasion, il ne raisonne que sur les principes qu'il croit avoir établis, il serait ennuyeux et inutile de le suivre dans le détail de ses raisonnements.

Telle est la première partie de l'Éthique de Spinoza ; les quatre autres sont raisonnées dans le même goût. L'une traite de l'origine et de la nature de l'esprit ; l'autre, de l'origine et de la nature des affections ; la quatrième, de la force des affections ; et la dernière de la liberté humaine. Toutes quatre supposent, comme démontrées, les propositions que je viens d'analyser, et qui n'ont été hasardées que d'après des idées bien vagues. Elles tombent donc par les mêmes coups que j'ai portés à la première Partie.

On a reproché à Bayle de n'avoir pas entendu Spinoza ; et c'est avec raison, si on en juge par la manière dont il l'a combattu. Bayle a répandu de l'agrément sur toutes les matières qu'il a traitées ; peut-être, même n'a-t-il pas eu d'autre objet. Il semble qu'en général le choix des principes lui soit indifférent ; qu'il n'en veuille tirer qu'un seul avantage, celui de combattre toutes les opinions, et qu'il n'entreprenne de prouver quelque chose, que quand il croit avoir deux démonstrations, l'une pour, et l'autre contre.

A-t-il cru réfuter Spinoza, en lui opposant les conséquences qu'il

Étienne Bonnot de Condillac

tire du système de ce philosophe ? Mais si ces conséquences ne sont pas des suites de ce système, ce n'est plus Spinoza qu'il attaque ; et, si elles en sont des suites, Spinoza répondra qu'elles ne sont point absurdes, et qu'elles ne le paraissent qu'à ceux qui ne savent pas remonter aux principes des choses. Détruisez, dira-t-il, mes principes, si vous voulez renverser mon système ; ou, si vous laissez subsister mes principes, convenez de la vérité des propositions qui en sont des suites nécessaires.

Pour moi, j'ai cru que mon unique objet était de démontrer que Spinoza n'a nulle idée des choses qu'il avance ; que ses définitions sont vagues, ses axiomes peu exacts, et que ses propositions ne sont que l'ouvrage de son imagination, et ne renferment rien qui puisse conduire à la connaissance des choses. Cela fait, je me suis arrêté. J'eusse été aussi peu raisonnable d'attaquer les fantômes qui en naissent, que l'étaient ces chevaliers errants, qui combattaient les spectres des enchanteurs. Le parti le plus sage était de détruire l'enchantement.

On a souvent dit que le Spinozisme est une suite du Cartésianisme. Ce n'est pas absolument sans raison ; mais on doit convenir que les principes de Descartes y sont fort altérés. Spinoza a des préjugés qui sont communs à presque tous les philosophes, comme on l'a vu par les critiques que j'ai faites : mais il a beaucoup plus emprunté des Cartésiens. Il reconnaît surtout ce principe, *qu'on peut affirmer d'une chose tout ce qui est renfermé dans l'idée claire et distincte qu'on en a*, et il en fait des applications que Descartes n'aurait pas approuvées. Ayant rejeté la création, parce qu'il ne la conçoit pas, ou parce qu'il n'en a pas d'idée claire et distincte, il remarque que les êtres finis existent, et que l'existence n'est pas renfermée dans la notion que nous en avons. De là il conclut qu'ils n'existent pas par eux-mêmes. Or comment se peut-il faire que les êtres finis, n'existant pas par eux-mêmes, existent sans que la création ait lieu ? C'est là ce que Spinoza s'est proposé de concilier.

Pour cela, il fait attention que la notion des modes ne renferme pas l'existence, qu'ils ne sont pas quelque chose de créé, et que cependant ils existent : mais comment ? dans la substance de laquelle ils dépendent. Il croit donc n'avoir qu'à dire que les êtres finis sont les modes d'une seule et même substance, comme la rondeur et la quadrature sont les modes du corps. Dénouement

CHAPITRE X.

admirable ! Ne dirait-on pas que cette nouvelle manière de rendre raison des choses est plus concevable ? Il entreprend cependant de prouver son hypothèse ; et parce qu'il affecte de suivre l'ordre des géomètres, il croit faire des démonstrations. Cette méprise, toute grossière qu'elle est, a été celle de bien des philosophes.

Que les sectateurs de Spinoza choisissent donc de deux partis l'un, ou qu'ils confessent que jusqu'ici ils se sont déclarés pour un système qui ne signifie rien, ou qu'ils développent d'une façon nette et exacte le grand sens qu'ils prétendent y être renfermé. Mais il n'y a pas à balancer sur le jugement qu'on doit porter de ce philosophe : prévenu pour tous les préjugés de l'école, il ne doutait pas que notre esprit ne fût capable de découvrir l'essence des choses, et de remonter à leurs premiers principes. Sans justesse, il ne se faisait que des notions vagues, dont il se contentait toujours ; et, s'il connaissait l'art d'arranger des mots et des propositions à la manière des géomètres, il ne connaissait pas celui de se faire des idées comme eux. Une chose me persuade, qu'il a pu être lui-même la dupe de ses propres raisonnements, c'est l'art avec lequel il les a tissus.

CHAPITRE XI.
Conclusion des Chapitres précédents.

Pour peu qu'on ait réfléchi sur les exemples que j'ai rapportés, on sera convaincu que nous ne tombons dans l'erreur, que parce que nous raisonnons sur des principes dont nous n'avons pas démêlé toutes les idées : dès lors nous ne les saisissons point d'une vue assez nette et assez précise, pour en comprendre la vérité dans toute son étendue, ni pour être en garde contre ce qu'ils ont de vague et d'équivoque. Voilà la véritable cause des erreurs des philosophes et des préjugés du peuple : d'où l'on peut conclure que la fausseté de l'esprit consiste uniquement dans l'habitude de raisonner sur des principes mal déterminés, c'est-à-dire, sur des idées que, dans le vrai, nous n'avons pas, et que nous regardons cependant comme des connaissances premières, qui doivent nous conduire à d'autres.

Mais l'éducation a si fort accoutumé les hommes à se contenter de notions vagues, qu'il en est peu qui puissent se résoudre à abandonner entièrement l'usage de ces principes [1]. Les inconvénients n'en seront bien connus que par ceux qui se souviendront des difficultés qu'ils ont eues à surmonter pour se les rendre familiers, et qui se rappelleront même d'en avoir senti de bonne heure quelques-unes des contradictions. Quant à ceux qui ont obéi sans répugnance et sans réflexion à toutes les impressions de l'éducation, on ne saurait croire jusqu'à quel point leur esprit est devenu faux, et on ne doit pas attendre qu'ils réforment jamais leur manière de raisonner. C'est ainsi que les tristes effets de cette méthode deviennent souvent sans remède.

Les principes abstraits étant démontrés inutiles et dangereux, il ne reste plus qu'à découvrir ceux dont on peut faire usage ; mais on est bien près de connaître la méthode qui conduit à la vérité, quand on connaît celle qui en éloigne.

CHAPITRE XII.
Des hypothèses.

Les philosophes sont fort partagés sur l'usage des hypothèses. Quelques-uns, prévenus par le succès qu'elles ont en astronomie, ou peut-être éblouis par la hardiesse de quelques hypothèses de physique, les regardent comme de vrais principes ; d'autres, considérant les abus qu'on en fait, voudraient les bannir des sciences.

Les principes abstraits, même lorsqu'ils sont vrais et bien déterminés, ne sont pas proprement des principes, puisque ce ne sont pas des connaissances premières : la seule dénomination d'abstraits fait juger que ce sont des connaissances qui en supposent d'autres.

Ces principes ne sont pas même un moyen propre à nous conduire à des découvertes ; car, n'étant qu'une expression abrégée des connaissances que nous avons acquises, ils ne peuvent jamais nous ramener qu'à ces connaissances mêmes. En un mot, ce sont des maximes qui ne renferment que ce que nous savons ; et, comme le peuple a des proverbes, ces prétendus principes sont les proverbes des philosophes ; ils ne sont que cela.

Dans la recherche de la vérité, les principes abstraits sont donc

---

1 J'ai expliqué ailleurs comment l'éducation nous a fait contacter cette habitude. Art de Penser, part. 2, chap. 1.

vicieux ; ou tout au moins inutiles ; et ils ne sont bons, comme maximes ou proverbes, que parce qu'ils sont l'expression abrégée de ce que nous savons par expérience.

Au contraire, les hypothèses ou suppositions, car on emploie indifféremment ces mots l'un pour l'autre, sont, dans la recherche de la vérité, non seulement des moyens ou des soupçons, elles peuvent être encore des principes, c'est-à-dire, des vérités premières qui en expliquent d'autres.

Elles sont des moyens ou des soupçons, parce que l'observation, comme nous l'avons remarqué, commence toujours par un tâtonnement : mais elles sont des principes ou des vérités premières, lorsqu'elles ont été confirmées par de nouvelles observations, qui ne permettent plus de douter.

Pour s'assurer de la vérité d'une supposition, il faut deux choses : l'une de pouvoir épuiser toutes les suppositions possibles par rapport à une question ; l'autre, d'avoir un moyen qui confirme notre choix, ou qui nous fasse reconnaître notre erreur.

Quand ces deux conditions se trouvent réunies, il n'est pas douteux que l'usage des suppositions ne soit utile ; il est même absolument nécessaire. L'arithmétique le prouve par des exemples à la portée de tout le monde, et qui, par cette raison, méritent d'être préférés à ceux qu'on pourrait prendre dans les autres parties des mathématiques.

Premièrement, on peut, dans la solution des problèmes d'arithmétique, épuiser toutes les suppositions, car il n'y en a jamais qu'un petit nombre à faire. En second lieu, on a des moyens pour découvrir si une supposition est vraie ou fausse, ou même pour arriver d'une fausse supposition à la découverte du nombre qu'on cherche. C'est ce qu'on nomme la *règle de fausse position*.

Nous ne nous conduisons si sûrement dans les opérations d'arithmétique, que parce qu'ayant des idées exactes des nombres, nous pouvons remonter jusqu'aux unités simples qui en sont les éléments, et suivre la génération de chaque nombre en particulier. Il n'est pas étonnant que cette connaissance nous fournisse les moyens de faire toutes sortes de compositions et de décompositions, et de nous assurer par là de l'exactitude des suppositions que nous sommes obligés d'employer.

Étienne Bonnot de Condillac

Une science, dans laquelle on se sert de suppositions, sans craindre l'erreur, ou du moins avec certitude de la reconnaître, doit servir de modèle à toutes celles où l'on veut faire usage de cette méthode. Il serait donc à souhaiter qu'il fût possible dans toutes les sciences, comme en arithmétique, d'épuiser toutes les suppositions, et qu'on y eût des règles pour s'assurer de la meilleure.

Or, pour avoir ces règles, il faudrait que les autres sciences nous donnassent des idées si nettes et si complètes, qu'on pût, par l'analyse, remonter aux premiers éléments des choses qu'elles traitent, et suivre la génération de chacune. Elles font bien éloignées de réunir tous ces avantages ; mais, à proportion qu'elles y suppléeront par des équivalents, on y pourra faire un plus grand usage des hypothèses.

Il n'y en a point, après les mathématiques pures, où les hypothèses réussissent mieux qu'en astronomie. Car une longue suite d'observations ayant fait remarquer les périodes où les révolutions se répètent, on a supposé à chaque planète un mouvement et une direction qui rendent parfaitement raison des apparences où elles se trouvent les unes à l'égard des autres.

Les idées qu'on s'est faites de ce mouvement et de cette direction, sont aussi exactes qu'il le faut pour la bonté d'une hypothèse, puisque nous en voyons naître les phénomènes avec tant d'évidence, que nous les pouvons prédire dans la dernière précision.

Ici les observations indiquent toutes les suppositions qu'on peut faire, et l'explication des phénomènes confirme celles qu'on a choisies. L'hypothèse ne laisse donc rien à désirer.

Mais, si, non contents de rendre raison des apparences, nous voulons déterminer la direction et le mouvement absolu de chaque planète ; voilà où nos hypothèses ne pourront manquer d'être défectueuses.

Nous ne saurions juger du mouvement absolu d'un corps, qu'autant que nous lui voyons suivre une direction qui l'approche ou l'éloigne d'un point immobile. Or les observations astronomiques ne peuvent jamais conduire à découvrir dans les cieux un point dont l'immobilité soit certaine. Il n'y a donc point d'hypothèse où l'on puisse s'assurer d'avoir donné à chaque planète la quantité précise du mouvement qui lui appartient.

Quant à la direction, les planètes pourraient n'en avoir qu'une simple, produite uniquement par le mouvement qui est propre à chacune ; ou elles pourraient en avoir une composée, qui viendrait de ce premier mouvement, et d'un autre qu'elles auraient en commun avec le soleil. En supposant ce dernier cas, il en serait d'elles comme des corps qui se meuvent dans un vaisseau qui vogue. Voilà des points sur lesquels l'expérience ne peut nous éclairer ; nous ne saurions donc connaître la direction absolue d'une planète. Par conséquent nous devons nous borner à juger de la direction et du mouvement relatifs des astres, et ne nous guider que d'après les observations. Nos suppositions seront plus heureuses, à proportion que nous serons observateurs plus exacts.

Une première observation, encore grossière, a fait croire que le soleil, les planètes et les étoiles fixes tournaient autour de la terre : c'est ce qui a donné lieu à l'hypothèse de Ptolémée. Mais les observations des derniers siècles ont appris que Jupiter et le Soleil, tournent sur leur axe, et que Mercure et Vénus tournent autour du Soleil. Voilà donc une observation qui indique que la terre peut aussi avoir deux mouvements, l'un sur elle-même, l'autre autour du Soleil. Dès lors l'hypothèse de Copernic s'est trouvée confirmée autant par les observations que par les phénomènes, qu'elle expliquait plus simplement qu'aucune autre. On voulut aller plus loin, et connaître quel cercle décrivent les planètes, on en jugea sur les premières apparences, et on supposa que le Soleil en occupait le centre. Mais, en approchant cette supposition des observations, on en reconnut le faux, et on vit que le Soleil ne pouvait être au centre des cercles. C'est en continuant à observer avec exactitude, en ne faisant des hypothèses qu'autant que les observations les suggèrent, et en ne les corrigeant qu'autant qu'elles les corrigent, que les astronomes imagineront des systèmes toujours plus simples, et en même temps plus propres à rendre raison d'un plus grand nombre de phénomènes. On voit donc que si leurs hypothèses ne marquent pas la direction et le mouvement absolu des astres, elles ont quelque chose d'équivalent par rapport à nous, quand elles expliquent les apparences. Par là elles deviennent aussi utiles que celles qu'on fait en mathématiques.

Les hypothèses de physique souffrent de plus grandes difficultés : elles sont dangereuses si on ne les fait avec beaucoup de précautions ; et souvent il est impossible d'en imaginer qui soient raisonnables.

Placés, comme nous le sommes, sur un atome qui roule dans un coin de l'univers, qui croirait que les philosophes se fussent proposé de démontrer en physique les premiers éléments des choses, d'expliquer la génération de tous les phénomènes, et de développer le mécanisme du monde entier ? C'est trop augurer des progrès de la physique que de s'imaginer qu'on puisse jamais avoir assez d'observations pour faire un système général. Plus l'expérience fournira de matériaux, plus on sentira ce qui manque à un si vaste édifice. Il restera toujours des phénomènes à découvrir. Les uns sont trop loin de nous pour être observés, les autres dépendent d'un mécanisme qui échappe. Nous n'avons point de moyens pour en pénétrer les ressorts. Or cette ignorance nous laissera dans l'impuissance de remonter aux vraies causes qui produisent et lient, en un seul système, le petit nombre des phénomènes que nous connaissons. Car, tout étant lié, l'explication des choses que nous observons, dépend d'une infinité d'autres, qu'il ne nous sera jamais permis d'observer. Si nous faisons des hypothèses, ce sera donc sans avoir pu épuiser toutes les suppositions, et sans avoir de règles qui confirment notre choix.

Qu'on ne dise pas que les choses que nous observons suffisent pour faire imaginer celles qu'il ne nous est pas possible d'observer ; que, combinant les unes avec les autres, nous pourrons en imaginer encore de nouvelles ; et que, remontant de la sorte de causes en causes, nous pourrons deviner et expliquer tous les phénomènes, quoique l'expérience n'en fasse connaître qu'un petit nombre. Il n'y aurait rien de solide dans un pareil système, les principes en varieraient au gré de l'imagination de chaque philosophe, et personne ne pourrait s'assurer d'avoir rencontré la vérité.

D'ailleurs, quand les choses sont telles que nous ne les pouvons pas observer, l'imagination ne saurait rien faire de mieux que de nous les représenter sur le modèle de celles que nous observons. Or, comment nous assurer que les principes que nous imaginerions, sont ceux mêmes de la nature ? Et sur quel fondement voudrions-nous qu'elle ne sache faire les choses qu'elle nous cache, que de la même manière qu'elle fait celles qu'elle nous découvre ? Il n'y a point d'analogie qui puisse nous faire deviner ses secrets ; et, vraisemblablement, si elle nous les révélait elle-même, nous verrions un monde tout différent de celui que nous voyons. En vain, par exemple, le chimiste se flatte d'arriver, par l'analyse, aux premiers éléments : rien ne lui prouve que ce qu'il prend pour un élément simple et homogène, ne soit pas un composé de principes hétérogènes.

Nous avons vu que l'arithmétique ne donne des règles pour s'assurer de la vérité d'une supposition, que parce qu'elle nous met en état d'analyser si parfaitement toutes sortes de nombres, que nous pouvons remonter à leurs premiers éléments, et en suivre toute la génération. Si un physicien pouvait analyser de même quelqu'un des objets dont il s'occupe, par exemple, le corps humain ; si les observations le conduisaient jusqu'au premier ressort qui donne le mouvement à tous les autres, et lui faisaient pénétrer le mécanisme de chaque partie, pour lors il pourrait faire un système qui rendrait raison de tout ce que nous remarquons en nous. Mais nous ne distinguons dans le corps humain que les parties les plus grossières et les plus sensibles : encore ne pouvons-nous les observer que quand la mort en cache tout le jeu. Les autres sont un tissu de fibres si déliées, si subtiles, que nous n'y saurions rien démêler : nous ne pouvons comprendre ni le principe de leur action, ni la raison des effets qu'il produisent. Si un seul corps est une énigme pour nous, quelle énigme n'est-ce pas que l'univers !

Que penser donc du projet de Descartes, lorsqu'avec des cubes qu'il fait mouvoir, il prétend expliquer la formation du monde, la génération des corps, et tous les phénomènes ? Que du fond de son cabinet, un philosophe essaie de remuer la matière, il en dispose à son gré, rien ne lui résiste. C'est que l'imagination voit tout ce qu'il lui plaît, et ne voit rien de plus. Mais des hypothèses aussi arbitraires ne répandent du jour sur aucune vérité, elles retardent au contraire le progrès des sciences, et deviennent très dangereuses par les erreurs qu'elles font adopter. C'est à des suppositions vagues qu'il faut attribuer les chimères des alchimistes, et l'ignorance où les physiciens ont été pendant plusieurs siècles.

Les abus de cette méthode se font surtout sentir dans les sciences de pratique : la médecine en est un exemple.

Par l'ignorance où nous sommes sur les principes de la vie et de la santé, cette science est toute en conjectures, c'est-à-dire, en suppositions qu'on ne peut prouver ; et les cas y varient si fort, qu'on ne saurait s'assurer d'en trouver deux parfaitement semblables : les médecins qui suivent la méthode que je blâme, en font une science qui se conforme constamment à certains principes. Ils rapportent tout aux suppositions générales qu'ils ont adoptées, ils ne prennent conseil, ni du tempérament des malades, ni d'aucune des circonstances qui pourraient déranger leurs hypothèses. Ils font donc tout le mal que l'ignorance de ces choses doit naturellement occasionner.

Malheureusement cette méthode leur abrège infiniment la pratique de l'art : avec un système général, il n'est point de maladies dont au premier coup-d'œil ils ne paraissent pénétrer les causes, et voir les remèdes. Leurs suppositions, applicables à tout, leur donnent encore un air assuré et une facilité de s'exprimer, qui, à notre égard, leur tiennent lieu de connaissances.

Malgré l'inutilité et les suites dangereuses des hypothèses générales, les physiciens ont bien de la peine à y renoncer. Ils n'oublient pas de relever les hypothèses des astronomes ; ils s'imaginent par là autoriser les leurs : mais quelle différence !

Les astronomes se proposent de mesurer le mouvement respectif des astres ; recherche où l'on peut se promettre le succès : les physiciens entreprennent de découvrir par quelles voies s'est formé et se conserve l'univers, et quels sont les premiers principes des choses ; vaine curiosité où l'on ne peut qu'échouer.

Les astronomes partent d'un principe certain, c'est qu'il faut absolument que le soleil ou la terre tourne ; les physiciens commencent par des principes dont ils ne sauraient jamais se former d'idée précise.

Disent-ils que les parties qui composent les corps ont une essence particulière ? ils n'ont point d'idée du mot *essence*. Disent-ils que toutes les parties de la matière sont similaires, et qu'elles forment différents corps, suivant les différentes formes qu'elles prennent, et la quantité de mouvement qu'elles reçoivent ? il leur est impossible d'en déterminer la figure et le mouvement. Or quel progrès a-t-on fait, lorsqu'on sait que les premiers principes des corps ont une certaine essence, une certaine figure et un certain mouvement, et qu'on ne peut marquer exactement quelle est cette essence, cette figure et ce mouvement ? Une pareille connaissance ajoute-t-elle beaucoup aux qualités occultes des anciens ?

Il suffit aux astronomes de supposer l'existence de l'étendue et du mouvement. Nous avons vu comment ils se bornent à rendre raison des apparences, et avec quelles précautions ils font leurs systèmes.

Les hypothèses des physiciens que je critique sont destinées à nous faire pénétrer dans la nature de l'étendue, du mouvement et de tous les corps ; et elles sont l'ouvrage de gens qui d'ordinaire observent peu, ou qui même dédaignent de s'instruire des observations que les autres ont faites. J'ai ouï dire qu'un de ces physiciens se félicitant d'avoir un principe qui rendait raison de tous les phénomènes de la chimie, osa communiquer ses idées à un habile chimiste. Celui-ci ayant eu la complaisance de l'écouter, lui dit qu'il ne lui ferait qu'une difficulté, c'est que les faits étaient tout autres qu'il les supposait. *Hé bien*, reprit le physicien, *apprenez-les moi afin que je les explique.* Cette répartie décèle parfaitement le caractère d'un homme qui néglige de s'instruire des faits, parce qu'il croit avoir la raison de tous les phénomènes quels qu'ils puissent être. Il n'y a que des hypothèses vagues qui puissent donner une confiance mal fondée.

Quand nos suppositions, disent ces physiciens, seraient fausses ou peu certaines, rien n'empêche qu'on n'en fasse usage pour arriver à de grandes connaissances. C'est ainsi qu'on emploie, pour élever un bâtiment, des machines qui deviennent inutiles quand il est achevé. Ne sommes-nous pas redevables au système Cartésien, des plus belles et des plus importantes découvertes qu'on a faites, soit dans le dessein de le confirmer, soit dans le dessein de le combattre ? Les expériences de Huygens, Boyle, Mariotte, Newton, sur l'air, le choc, la lumière et les couleurs, en sont des exemples fameux.

Je réponds d'abord que les suppositions sont à un système, ce que les fondements sont à un édifice. Ainsi, il n'y a pas assez de justesse à les comparer avec les machines dont on se sert pour construire un bâtiment.

Je dis ensuite que les découvertes qu'on a faites sur l'air, le choc, la lumière et les couleurs, sont dues à l'expérience, et non point aux hypothèses arbitraires de quelques philosophes. Le système de Descartes n'a, par lui-même, enfanté que des erreurs : il ne nous a conduits à quelques vérités que par contrecoup, c'est-à-dire, qu'en nous donnant la curiosité de faire certaines expériences. Il faut espérer qu'en ce sens les systèmes des physiciens modernes seront un jour inutiles. La postérité aura bien de l'obligation à des hommes qui auront consenti à se tromper pour lui fournir une occasion d'acquérir elle-même, en découvrant leurs erreurs, des connaissances qu'elle aurait tenues d'eux, s'ils s'étaient conduits plus sagement.

Faut-il donc bannir de la physique toutes les hypothèses ? Non, sans doute : mais il y aurait peu de sagesse à les adopter sans choix ; et on doit se méfier surtout des plus ingénieuses. Car, ce qui n'est qu'ingénieux, n'est pas simple ; et certainement la vérité est simple.

Descartes, pour former l'univers, ne demande à Dieu que de la matière et du mouvement. Mais, quand ce philosophe veut exécuter ce qu'il promet, il n'est qu'ingénieux.

Il remarque d'abord, avec raison, que les parties de la matière doivent tendre à se mouvoir chacune en ligne droite, et que, si elles ne trouvent point d'obstacles, elles continueront toutes à se mouvoir suivant cette direction.

Il suppose ensuite que tout est plein, ou plutôt il le conclut de l'idée qu'il se fait du corps, et il voit que les parties de la matière, faisant effort dans tous les sens possibles, doivent être mutuellement un obstacle au mouvement les unes des autres. Elles seront donc immobiles ? Non : Descartes explique d'une manière ingénieuse comment il imagine quelles seront mues circulairement, et qu'elles formeront différents tourbillons.

Newton trouva trop de difficultés dans ce système. Il rejette le plein comme une supposition avec laquelle on ne saurait concilier le mouvement. Sans entreprendre de former le monde, il se contenta de l'observer ; projet moins beau que celui de Descartes, ou plutôt moins hardi, mais plus sage.

Il ne se proposa donc pas de deviner ou d'imaginer les premiers principes de la nature. S'il sentait l'avantage d'un système qui expliquerait tout, il sentait à cet égard toute notre incapacité. Il observa, et il chercha si, parmi les phénomènes, il y en avait un qu'on pût considérer comme un principe, c'est-à-dire, comme un premier phénomène propre à en expliquer d'autres.

S'il le trouvait, il ferait un système plus borné que celui de la nature, mais aussi étendu que nos connaissances peuvent être. Il eut pour objet d'expliquer les révolutions des corps célestes.

Ce philosophe observa et démontra que tout corps qui se meut dans une courbe, obéit nécessairement à deux forces : l'une qui tend à le mouvoir en ligne droite, l'autre qui le détourne de cette ligne à chaque instant.

Il supposa donc ces deux forces dans tous les corps qui font leur révolution autour du soleil. La première est ce qu'il nomme *force de projection*, la seconde est ce qu'il nomme *attraction*.

Cette supposition n'est pas gratuite et sans fondement. Puisque tout corps en mouvement tend à se mouvoir en ligne droite, il est évident qu'il ne peut se détourner de cette direction, pour décrire une courbe autour d'un centre, qu'autant qu'il obéit à une seconde force qui le dirige continuellement vers le centre de la courbe.

Newton ne désigne pas cette force par le nom d'*impulsion*, parce que, si l'impulsion a lieu dans le mouvement des corps célestes, il est au moins certain qu'on ne peut pas l'observer, et que rien ne l'indique : il la nomme *attraction*, parce que l'attraction lui est indiquée dans la pesanteur. En effet, à la surface de la terre, toutes les parties pèsent vers un centre commun : à une certaine distance de cette surface, un corps pèse encore vers ce même centre : il en sera de même à une plus grande. La lune pèse donc sur la terre : la terre et la lune pèsent donc sur le soleil, etc. On voit que l'analogie, l'observation et le calcul achèveront ce système, que j'ai exposé ailleurs [1].

Les Cartésiens reprochent aux Newtoniens qu'on n'a point d'idée de l'attraction ; ils ont raison : mais c'est sans fondement qu'ils jugent l'impulsion plus intelligible. Si le Newtonien ne peut expliquer comment les corps s'attirent, il déliera le Cartésien de rendre raison du mouvement qui se communique dans le choc. N'est-il question que des effets, ils sont connus ; nous avons des exemples d'attraction comme d'impulsion. Est-il question du principe, il est

---

1 Art de raisonner.

également ignoré dans les deux systèmes.

Les Cartésiens le connaissent si peu, qu'ils sont obligés de supposer que Dieu s'est fait une loi de mouvoir lui-même tout corps qui est choqué par un autre. Mais pourquoi les Newtoniens ne supposeraient-ils pas que Dieu s'est fait une loi d'attirer les corps vers un centre en raison inverse du carré de leur distance ? La question se réduirait donc à savoir laquelle de ces deux lois Dieu s'est prescrite, et je ne vois pas pourquoi les Cartésiens seraient à ce sujet mieux instruits.

Il y a des hypothèses qui sont sans fondement : elles portent sur la comparaison de deux choses qui, dans le vrai, ne se ressemblent pas, et par cette raison, on ne les saurait concevoir que d'une manière fort confuse. Mais, parce qu'elles donnent l'idée d'une sorte de mécanisme, elles expliquent une chose à-peu-près comme le vrai mécanicien l'expliquerait lui-même, si on le connaissait. Ces suppositions peuvent être employées lorsqu'elles ont l'avantage de rendre plus sensible une vérité pratique, et de nous apprendre à en faire notre profit : mais il faudrait les donner pour ce qu'elles sont ; et c'est ce qu'on ne fait pas.

Veut-on, par exemple, faire sentir que la facilité de penser s'acquiert par l'exercice, comme toutes les autres habitudes, et qu'on ne saurait travailler de trop bonne heure à l'acquérir ? On prend d'abord pour principe des faits que personne ne peut contester : 1°. que le mouvement est la cause de tous les changements qui arrivent au corps humain ; 2°. que les organes ont plus de flexibilité, à proportion qu'on les exerce davantage.

On suppose ensuite que toutes les fibres du corps humain sont autant de petits canaux où circule une liqueur très subtile (les esprits animaux), qui se répand dans la partie du cerveau où est le siège du sentiment, et qui y fait différentes traces ; que ces traces sont liées avec nos idées, qu'elles les réveillent ; et on conclut que, plus elles se réveillent facilement, moins nous trouverons d'obstacle à penser.

On remarque, en troisième lieu, que les fibres du cerveau sont vraisemblablement très molles et très délicates dans les enfants ; qu'avec l'âge elles se durcissent, se fortifient et prennent une certaine consistance ; qu'enfin la vieillesse, d'un côté, les rend si inflexibles, qu'elles n'obéissent plus à l'action des esprits, et de l'autre, dessèche le corps au point qu'il n'y a plus assez d'esprits pour vaincre la résistance des fibres.

Ces suppositions étant admises, il n'est pas difficile d'imaginer comment on peut acquérir l'habitude de penser. Je laisserai parler Malebranche, car ce système lui appartient plus qu'à personne.

« Nous ne saurions guère, dit-il [1], être attentifs à quelque chose, si nous ne l'imaginons et ne nous la représentons dans le cerveau. Or, afin que nous puissions imaginer quelques objets, il est nécessaire que nous fassions plier quelques parties de notre cerveau, ou que nous lui imprimions quelque autre mouvement pour pouvoir former les traces auxquelles sont attachées les idées qui nous représentent ces objets. De sorte que, si les fibres du cerveau se sont un peu durcies, elles ne seront capables que de l'inclination et du mouvement qu'elles auront eus autrefois. Ainsi l'âme ne pourra imaginer, ni par conséquent être attentive à ce qu'elle voulait, mais seulement aux choses qui lui sont familières ».

« De là il faut conclure qu'il est très avantageux de s'exercer de bonne heure à méditer sur toutes sortes de sujets, afin d'acquérir une certaine facilité de penser à ce qu'on veut. Car, de même que nous acquérons une grande facilité de remuer les doigts de nos mains en toutes manières et avec une très grande vitesse, par le fréquent usage que nous en faisons, en jouant des instruments, ainsi les parties de notre cerveau, dont le mouvement est nécessaire pour imaginer ce que nous voulons, acquièrent, par l'usage, une certaine facilité à se plier, qui fait que l'on imagine les choses que l'on veut avec beaucoup de facilité, de promptitude et même de netteté ».

Cette hypothèse fournit encore à Malebranche des explications de beaucoup d'autres phénomènes. Il y trouve, entre autres choses, la raison des différents caractères qui se rencontrent dans les esprits des hommes. Il lui suffit pour cela de combiner l'abondance et la disette, l'agitation et la lenteur, la grosseur et la petitesse des esprits animaux, avec la délicatesse et la grossièreté, l'humidité et la sécheresse, la raideur et la flexibilité des fibres du cerveau. En effet, « puisque l'imagination ne consiste que dans la force qu'a l'âme de se former des images des objets, en les imprimant, pour ainsi

1 Recherche de La vérité, livre 2, partie 2, chap. 1.

Étienne Bonnot de Condillac

dire, dans les fibres de son cerveau, plus les vestiges des esprits animaux, qui sont les traits de ces images, seront grands et distincts, plus l'âme imaginera fortement et distinctement ces objets. Or, de même que la largeur, la profondeur et la netteté des traits de quelque gravure, dépend de la force dont le burin agit, et de l'obéissance que rend le cuivre : ainsi la profondeur et la netteté des vestiges de l'imagination dépend de la force des esprits animaux, et de la constitution des fibres du cerveau ; et c'est la variété qui se trouve dans ces deux choses, qui fait presque toute cette grande différence que nous remarquons entre les esprits ».

Voilà des explications ingénieuses ; mais, l'on s'imaginait avoir par là une idée exacte de ce qui se passe dans le cerveau, on se tromperait fort. De pareilles hypothèses ne donnent pas la vraie raison des choses ; elles ne sont pas faites pour mener à des découvertes, et leur usage doit être borné à rendre sensibles des vérités dont l'expérience ne permet pas de douter.

En astronomie, les hypothèses ont tout un autre caractère. Un astronome a des idées des astres, de la direction à laquelle il assujettit leur cours, et des phénomènes qui en résultent. Mais Malebranche ne se représente que fort imparfaitement les esprits animaux, leur circulation dans tout le corps, et les traces qu'ils font dans le cerveau. La nature se conforme aux suppositions du premier, et paraît plus disposée à s'ouvrir à lui. Pour l'autre, elle lui permet seulement de remarquer que les lois de la mécanique sont les principes de tous les changements du corps humain ; et, si le système des esprits animaux a quelque rapport à la vérité, ce n'est que parce qu'il est une sorte de mécanisme. Le rapport peut-il être plus vague ?

Quand un système rend la vraie raison des choses, tous les détails en sont intéressants. Mais les hypothèses dont nous parlons, deviennent ridicules, quand leurs auteurs se font une loi de les développer avec beaucoup de soin. C'est que, plus ils multiplient les explications vagues, plus ils paraissent s'applaudir d'avoir pénétré la nature ; et on ne leur pardonne pas cette méprise. Ces sortes d'hypothèses veulent donc être exposées brièvement, et elles ne demandent de détails que ce qu'il en faut pour rendre sensible une vérité. On peut juger si Malebranche est absolument exempt de reproches à cet égard.

J'ai expliqué dans ma logique [1] la sensibilité, la mémoire, et par conséquent toutes les habitudes de l'esprit C'est un système où je raisonne sur des suppositions ; mais elles sont toutes indiquées par l'analogie. Les phénomènes s'y développent naturellement, ils s'expliquent d'une manière fort simple ; et cependant j'avoue que des suppositions comme les miennes, lorsqu'elles ne sont indiquées que par l'analogie, n'ont pas la même évidence que les suppositions que l'expérience indique elle-même ; et qu'elle confirme ; car, si l'analogie peut ne pas permettre de douter d'une supposition, l'expérience peut seule la rendre évidente ; et, s'il ne faut pas rejeter comme faux tout ce qui n'est pas évident, il ne faut pas non plus regarder comme des vérités évidentes, toutes les vérités dont on ne doute pas.

Les corps électriques offrent une grande quantité de phénomènes ; ils attirent, ils repoussent, ils jettent des rayons lumineux, des étincelles ; ils enflamment l'esprit-de-vin, ils produisent des commotions violentes, etc. Si on imaginait une hypothèse pour rendre raison de ces effets, il faudrait qu'elle fît voir entre eux une analogie si sensible, qu'ils s'expliquassent tous les uns par les autres. L'expérience nous montre une pareille analogie entre quelques-uns de ces phénomènes. Nous voyons, par exemple, qu'un corps électrique attire les corps qui ne le sont pas, et repousse ceux à qui il a communiqué l'électricité : nous voyons encore qu'un corps électrisé perd toute sa vertu, quand il est touché par un corps qui ne l'est pas. Or ces faits rendent parfaitement raison du mouvement d'une petite feuille, qui va alternativement, du doigt qui la touche, au tube qui la repousse. Elle s'éloigne du tube, lorsque l'électricité lui est communiquée ; elle s'en approche, lorsqu'elle la perd par l'attouchement du doigt

L'expérience, en nous faisant voir quelques faits qui s'expliquent par d'autres, nous donne un modèle de la manière dont une hypothèse devrait rendre raison de tout. Ainsi, pour s'assurer de la bonté d'une supposition, il n'y a qu'à considérer si les explications qu'elle fournit pour certains phénomènes, s'accordent avec celles que l'expérience donne pour d'autres ; si elle les explique tous sans exception, et s'il n'y a point d'observations qui ne tendent à la confirmer. Quand tous ces avantages s'y trouvent réunis, il n'est pas

1 Part. 1, chap. 9.

Étienne Bonnot de Condillac

douteux qu'elle ne contribue aux progrès de la physique.

On ne doit donc pas interdire l'usage des hypothèses aux esprits assez vifs pour devancer quelquefois l'expérience. Leurs soupçons, pourvu qu'ils les donnent pour ce qu'ils sont, peuvent indiquer les recherches à faire et conduire à des découvertes. Mais on doit les inviter à apporter toutes les précautions nécessaires, et à ne jamais se prévenir pour les suppositions qu'ils ont faites. Si Descartes n'avait donné ses idées que pour des conjectures, il n'en aurait pas moins fourni l'occasion de faire des observations : mais en les donnant pour le vrai système du monde, il a engagé dans l'erreur tous ceux qui ont adopté ses principes, et il a mis des obstacles aux progrès de la vérité.

Il résulte de toutes ces Réflexions, qu'on peut tirer différents avantages des hypothèses, suivant la différence des cas où l'on en fait usage.

Premièrement, elles sont non seulement utiles, elles sont même nécessaires, quand on peut épuiser toutes les suppositions, et qu'on a une règle pour reconnaître la bonne. Les mathématiques en fournissent des exemples.

En second lieu, on ne saurait se passer de leur secours en astronomie ; mais l'usage en doit être borné à rendre raison des révolutions apparentes des astres. Ainsi elles commencent à être moins avantageuses en astronomie qu'en mathématiques.

En troisième lieu, on ne les doit pas rejeter quand elles peuvent faciliter les observations, ou rendre plus sensibles des vérités attestées par l'expérience. Telles sont plusieurs hypothèses de physique, si on les réduit à leur juste valeur. Mais les plus parfaites, dont les physiciens puissent faire usage, ce sont celles que les observations indiquent, et qui donnent de tous les phénomènes des explications analogues à celles que l'expérience fournit dans quelques cas.

CHAPITRE XIII.
Du génie de ceux qui, dans le dessein de remonter à la nature des choses, font des systèmes abstraits, ou des hypothèses gratuites.

On sera peu surpris du grand nombre de systèmes abstraits et d'hypothèses gratuites qui ont été reçus avec applaudissement, si on fait attention à la curiosité excessive des hommes, à l'orgueil qui les empêche d'apercevoir les bornes de leur esprit, et à l'habitude, qu'ils contractent dès l'enfance, de raisonner sur des notions vagues.

L'expérience aurait dû ouvrir les yeux sur cet abus. Mais les esprits étaient trop prévenus, et on a regardé comme un effort de génie, de faire de ces sortes de systèmes, ou d'en renouveler quelqu'un oublié depuis longtemps.

En effet les modèles en ce genre ont tout ce qu'il faut pour faire illusion. Plus poètes que philosophes, ils donnent du corps à tout. Ils ne touchent qu'à la superficie des choses, mais ils la peignent des plus vives couleurs. Ils éblouissent, on croit qu'ils éclairent ; ils n'ont que de l'imagination, et on ne balance pas à les regarder comme des hommes d'une intelligence supérieure.

L'imagination a son principe dans la liaison qui est entre les idées, et qui fait que les unes se réveillent à l'occasion des autres. Si la liaison est plus forte, les idées se réveillent plus promptement, et l'imagination est plus vive ; si la liaison embrasse une plus grande quantité d'idées, les idées se retracent en plus grand nombre, et l'imagination est plus étendue. Ainsi l'imagination doit sa vivacité à la force de la liaison des idées, et son étendue à la multitude d'idées qui se retracent à l'occasion d'une seule.

Par la grande liaison que les notions abstraites ont avec les idées des sens, d'où elles tirent leur origine, l'imagination est naturellement portée à nous les représenter sous des images sensibles. C'est pourquoi on l'appelle imagination : car imaginer, ou rendre sensible par des images, c'est la même chose. Ainsi cette opération a pris sa dénomination, non de sa première fonction, qui est de réveiller des idées, mais de sa fonction qui se remarque davantage, qui est de les revêtir des images auxquelles elles sont liées. Les langues fournissent beaucoup d'exemples de cette, espèce, et elles en fourniraient autant que de mots, s'il nous était possible de remonter jusqu'aux premières acceptions.

Le plus grand avantage de l'imagination, c'est de nous retracer toutes les idées qui ont quelque liaison avec le sujet dont nous nous occupons, et qui sont propres à le développer ou à l'embellir. Voilà le principe auquel l'esprit doit toute la finesse, toute la fécondité et toute l'étendue dont il est susceptible. Mais si, malgré nous, les idées se réveillaient en trop grand nombre ; si celles qui devraient être le moins liées, l'étaient si fort que les plus éloignées de notre sujet s'offrissent aussi facilement, ou plus facilement que les autres ; ou même, si, au lieu d'y être liées par leur nature, elles l'étaient par ces sortes de circonstances qui associent quelquefois les idées les plus disparates, on ferait des digressions dont on ne s'apercevrait pas ; on supposerait des rapports où il n'y en a point ; on prendrait pour une idée précise, une image vague ; pour une même idée, des idées tout opposées. Il faut donc une autre opération, afin de diriger, de suspendre, d'arrêter l'imagination, et de prévenir les écarts et les erreurs qu'elle ne manquerait pas d'occasionner. Cette seconde opération est l'analyse ; celle-ci décompose les choses, et démêle tout ce que l'imagination y suppose sans fondement.

Les esprits où l'imagination domine, sont peu propres aux re-cherches philosophiques. Accoutumés à voir mal, ils n'en jugent qu'avec plus de confiance. Jamais ils ne doutent. Une matière où on leur fait voir quelques difficultés, ne peut avoir d'attraits pour eux. Toujours superficiels, ils n'estiment que l'agrément, ils le répandent sans discernement ; et leur langage n'est qu'un tissu de métaphores mal choisies et d'expressions forcées, que souvent ils n'entendent pas eux-mêmes.

Ceux au contraire qui ont si peu d'imagination, ou qui l'ont si lente, qu'ils sentent faiblement le rapport des notions abstraites aux idées sensibles, ne sauraient goûter le mélange que les poètes font de ces idées. Rien ne paraît plus puéril à ces esprits froids, que des fictions où l'on donne un corps à la renommée, à la gloire, et où l'on fait mouvoir et agir des êtres aussi abstraits. Ils n'ont égard qu'au fond des choses ; ils aiment à examiner ; ils se décident avec une lenteur extrême ; ils voient, et ils doutent encore ; et, s'ils sont propres à dévoiler quelquefois les erreurs des autres, ils le sont peu à découvrir la vérité, encore moins à la présenter avec grâce.

Par l'excès ou par le défaut d'imagination, l'intelligence est donc très imparfaite. Afin qu'il ne lui manque rien, il faut que l'imagi-nation et l'analyse se tempèrent mutuellement, et se cèdent sui-vant les circonstances. L'imagination doit fournir au philosophe

CHAPITRE XIII.

des agréments, sans rien ôter à la justesse ; et l'analyse donner de la justesse au poète, sans rien ôter à l'agrément. Un homme où ces deux opérations seraient d'accord, pourrait réunir les talents les plus opposés. Mais on aura des talents contraires, et avec plus ou moins de défauts, à proportion qu'on s'éloignera davantage de ce juste milieu pour se rapprocher de l'un ou de l'autre des extrêmes.

Il faudrait être dans ce milieu pour montrer sa place à chaque homme. Ne nous attendons pas à avoir jamais un juge si éclairé : quand nous l'aurions, serions-nous capables de le reconnaître ? Mais il est facile de remarquer les esprits qui sont dans les extrémités.

Il est bien visible, par exemple, que les philosophes que je critique, ne sont pas dans ce juste milieu, où l'intelligence est la plus parfaite. On voit encore, que, s'ils s'en écartent, ce n'est pas pour avoir en partage cette analyse exacte, si utile dans les sciences, et où il ne manque que l'agrément. Ils approchent donc de cette extrémité où l'imagination domine. Par conséquent ils n'ont pas l'intelligence que demandent les matières dont ils s'occupent.

Quoiqu'on entende communément par génie, le plus haut point de perfection où l'esprit humain puisse s'élever, rien ne varie plus que les applications qu'on fait de ce mot, parce que chacun s'en sert selon sa façon de penser et l'étendue de son esprit. Pour être regardé comme un génie par le commun des hommes, c'est assez d'avoir l'art d'inventer. Cette qualité, est sans doute essentielle, mais il y faut joindre celle d'un esprit juste, qui évite constamment l'erreur, et qui met la vérité dans le jour le plus propre à la faire connaître.

A suivre exactement cette notion, il ne faut pas s'attendre à trouver de vrais génies. Nous ne sommes pas naturellement faits pour l'infaillibilité. Les philosophes qu'on honore de ce titre, savent inventer : on ne peut même leur refuser les avantages du génie, quand ils traitent des matières qu'ils rendent neuves par les découvertes qu'ils y font ou par la manière dont il les présentent : on s'approprie tout ce qu'on traite mieux que les autres. Mais, s'ils ne nous conduisent guères au-delà des idées déjà connues, ce ne sont que des esprits au-dessus du médiocre, des hommes à talent tout au plus. S'ils s'égarent, ce sont des esprits faux ; s'ils vont d'erreurs en erreurs, les enchaînent les unes aux autres, en font des systèmes, ce sont des visionnaires. L'histoire de la philosophie fournit des exemples des uns et des autres.

Cependant, quand nous entreprenons la lecture de ces philosophes, la réputation que leur imagination leur a faite, nous prévient en leur faveur. Nous comptons qu'ils vont nous faire part de mille et mille connaissances ; et, plus portés à croire que nous manquons d'intelligence, qu'à les soupçonner eux-mêmes de n'en pas avoir, nous faisons tous nos efforts pour les comprendre. Peut-être serait-il plus avantageux pour nous et pour la vérité, de les lire dans une disposition d'esprit toute opposée. Au moins est-il certain que, si l'on veut les entendre, il faut mettre une grande différence entre concevoir et imaginer, et se contenter d'imaginer la plupart des choses qu'ils croient avoir conçues. Il serait aussi peu raisonnable de prétendre aller au-delà, qu'il le serait en lisant ces vers de Malherbe,

> Le pauvre en sa cabane, où le chaume le couvre,
>   Est sujet à ses lois ;
> Et la garde qui veille aux barrières du Louvre,
>   N'en défend pas nos rois.

de vouloir concevoir comment des gardes pourraient éloigner la mort du trône et en garantir nos rois. Nous pouvons concevoir, avec Malherbe, que tous les hommes sont mortels : mais la mort personnifiée, et des gardes mis en opposition avec elle, parce qu'ils sont préposés pour écarter du trône toute personne qui pourrait attenter à la majesté des rois : voilà des choses qu'il n'a pu qu'imaginer, ainsi que nous.

Cet exemple est d'autant plus propre à éclaircir ma pensée, que la plupart des erreurs des philosophes viennent de ce qu'ils n'ont pas distingué soigneusement ce que l'on imagine de ce que l'on conçoit, et de ce qu'au contraire ils ont cru concevoir des choses qui n'étaient que dans leur imagination. C'est le défaut qui règne dans leurs raisonnements.

Ce n'est pas que je veuille refuser à ceux qui font des systèmes abstraits, tous les éloges qu'on leur donne. Il y a tels de ces ouvrages, qui nous forcent à les admirer. Ils ressemblent à ces palais, où le goût, les commodités, la grandeur, la magnificence concourraient à faire un chef-d'œuvre de l'art, mais qui porteraient sur des fondements si peu solides, qu'ils paraîtraient ne se soutenir que par enchantement. On donnerait sans doute des éloges à l'architecte, mais des éloges bien contrebalancés par la critique qu'on ferait de son imprudence. On regarderait comme la plus insigne folie, d'avoir bâti sur de si faibles fondements un si superbe édifice ; et, quoique ce fût l'ouvrage d'un esprit supérieur, et que les pièces en fussent disposées dans un ordre admirable, personne ne serait assez peu sage pour y vouloir loger.

On peut conclure de ces considérations, qu'il faut apporter beaucoup de précaution dans la lecture des philosophes. Le moyen le plus sûr pour être en garde contre leurs systèmes, c'est d'étudier comment ils les ont pu former. Telle est la pierre de touche de l'erreur et de la vérité : remontez à l'origine de l'une et de l'autre, voyez comment elles sont entrées dans l'esprit, et vous les distinguerez parfaitement. C'est uns méthode dont les philosophes que je blâme connaissent peu l'usage.

CHAPITRE XIV.
Des cas où l'on peut faire des systèmes sur des principes constatés par l'expérience.

Par la seule idée qu'on doit se faire d'un système, il est évident qu'on ne peut qu'improprement appeler *systèmes* ces ouvrages où l'on prétend expliquer la nature par le moyen de quelques principes abstraits.

Les hypothèses, quand elles sont faites suivant les règles que nous en avons données, peuvent être le fondement d'un système. Nous en avons fait voir les avantages.

Mais, pour ne laisser rien à désirer dans un système, il faut disposer les différentes parties d'un art ou d'une science dans un ordre où elles s'expliquent les unes par les autres, et où elles se rapportent toutes à un premier fait bien constaté, dont elles dépendent uniquement. Ce fait sera le principe du système, parce qu'il en sera le commencement.

Il est évident qu'on tenterait inutilement de les disposer de la sorte, si on ne les connaissait pas toutes, et si on n'en voyait pas tous les rapports. L'ordre qu'on imaginerait pour les parties qui seraient connues, ne conviendrait point à celles qui ne le seraient pas ; et, à mesure qu'on acquerrait de nouvelles connaissances, on remarquerait soi-même l'insuffisance des principes qu'on se serait trop hâté d'adopter.

Ceux qui, exempts de prévention, ont essayé de faire des systèmes, peuvent, par leur propre expérience, se convaincre de ce que je dis. Ils reconnaîtront que, tant qu'ils n'avaient pas assez développé la matière qu'ils voulaient expliquer, ils n'étaient point fixes dans leurs principes. Ils étaient obligés de les étendre, de les restreindre, d'en changer ; et ils ne les rendaient précis, qu'à proportion que, creusant davantage leur sujet, ils en distinguaient mieux toutes les parties.

Ce serait donc bien vainement qu'on entreprendrait de faire des systèmes sur des matières qu'on n'aurait pas encore approfondies. Que serait-ce si on l'entreprenait sur d'autres qu'il ne serait pas possible de pénétrer ? Je suppose qu'un homme, qui n'a aucune idée de l'horlogerie, ni même de la mécanique, entreprenne de rendre raison des effets d'une pendule : il a beau observer les sons qu'elle rend à certaines périodes, et remarquer le mouvement de l'aiguille, privé de la connaissance de la statique, il lui est impossible d'expliquer ces phénomènes d'une manière raisonnable. Engagez-le à faire des observations sur les choses qui ont conduit à l'invention de l'horlogerie, il pourra parvenir à imaginer un mécanisme qui produirait à-peu-près les mêmes effets. Car il ne paraît pas absolument impossible qu'un art, dont les progrès sont dus aux travaux de plusieurs personnes, ne fût l'ouvrage d'une seule.

Enfin ouvrez-lui cette pendule, expliquez-lui-en le mécanisme ; aussitôt il saisit la disposition de toutes les parties, il voit comment elles agissent les unes sur les autres, et il remonte jusqu'au premier ressort dont elles dépendent. Ce n'est que de ce moment qu'il connaît avec certitude le vrai système qui rend raison des observations qu'il avait faites.

Cet homme, c'est le philosophe qui étudie la nature. Concluons donc que nous ne pouvons faire de vrais systèmes, que dans les cas où nous avons assez, d'observations pour saisir l'enchaînement des phénomènes. Or nous avons vu que nous ne saurions observer ni les éléments des choses, ni les premiers ressorts des corps vivants ; nous n'en pouvons remarquer que des effets bien éloignés. Par conséquent les meilleurs principes qu'on puisse avoir en physique, ce sont des phénomènes qui en expliquent d'autres, mais qui dépendent eux-mêmes de causes qu'on ne connaît point.

Il n'y a point de science ni d'art où l'on ne puisse faire des systèmes : mais, dans les uns, on se propose de rendre raison des effets ; dans les autres, de les préparer et de les faire naître. Le premier objet est celui de la physique ; le second est celui de la politique. Il y a des sciences qui ont l'un et l'autre, telles sont la chimie et la médecine.

Les arts peuvent aussi se distinguer en classes, suivant celui de ces objets qu'on y a plus particulièrement en vue. C'est pour produire certains effets, qu'on a imaginé des leviers, des poulies, des roues et d'autres machines. Ainsi dans les arts mécaniques on a commencé par les faits qui dévoient servir de principes à un système.

Dans les beaux-arts, au contraire, le goût seul a produit les effets : on voulut ensuite chercher les principes, et on finit par où l'on avait commencé dans les autres. Les règles qu'on y donne sont plus destinées à rendre raison des effets qu'à apprendre à les produire.

Tels sont les cas où les systèmes peuvent avoir des faits pour principes. Il ne reste qu'à traiter des précautions avec lesquelles on doit les former. Je commencerai par les systèmes de politique, parce qu'ils sont les moins parfaits.

CHAPITRE XV.
De la nécessité des systèmes en politique, des vues et des précautions avec lesquelles on les doit faire.

S'il y a un genre où l'on soit prévenu contre les systèmes, c'est la politique. Le public ne juge jamais que par l'événement ; et, parce qu'il a été souvent la victime des projets, il ne craint rien tant que d'en voir former. Cependant est-il possible de gouverner un état, si on n'en saisit pas les parties d'une vue générale, et si on ne les lie les unes aux autres, de manière à les faire mouvoir de concert, et par un seul et même ressort ? Ce ne sont pas les systèmes qu'on doit blâmer en pareil cas, c'est la conduite de ceux qui les font.

Les desseins d'un ministre ne sauraient être utiles, ils seront même souvent dangereux, s'ils n'ont été précédés d'un mûr examen de tout ce qui concourt au gouvernement intérieur et extérieur : une circonstance qui n'aura pas été prévue, suffira pour les faire échouer.

Un peuple est un corps artificiel ; c'est au magistrat, qui veille à sa conservation, d'entretenir l'harmonie et la force dans tous les membres. Il est le machiniste qui doit rétablir lés ressorts, et remonter toute la machine aussi souvent que les circonstances le demandent. Mais quel est l'homme sage qui hasarderait de réparer l'ouvrage d'un artiste, s'il n'en avait auparavant étudié le mécanisme ? Celui qui en ferait la tentative, ne courrait-il pas risque de le déranger de plus en plus ?

Un ministre qui n'embrasse pas toutes les parties, qui ne saisit pas l'action réciproque des unes sur les autres, fera donc naître de plus grands abus que ceux auxquels il voudra remédier. Pour favoriser un ordre de citoyens, il nuira à un autre. S'il veille aux manufactures, il oubliera l'agriculture ; s'il multiplie la noblesse, il détruira le commerce. Bientôt il n'y a plus d'équilibre, les conditions se confondent, le citoyen n'a de règle que son ambition, le gouvernement s'altère de plus en plus, enfin l'état est renversé.

L'épée, la robe, l'église, le commerce, la finance, les gens de lettres, et les artisans de toute espèce : voilà les ordres de citoyens. Il faut que, dans le système de celui qui les gouverne, chacun soit aussi heureux qu'il peut l'être, sans que le bien général du corps soit altéré. C'est là ce qui donnera à l'état la constitution la plus robuste. Cela renferme deux choses : la conduite qu'on doit tenir envers le peuple auquel on commande, et celle qu'on doit avoir avec les puissances voisines.

Pour conduire le peuple, il faut établir une discipline qui entretienne un équilibre parfait entre tous les ordres, et qui par là fasse trouver l'intérêt de chaque citoyen dans l'intérêt de la société. Il faut que les citoyens, en agissant par des vues différentes, et se faisant chacun des systèmes particuliers, se conforment nécessairement aux vues d'un système général. Le ministre doit donc combiner les richesses et l'industrie des différentes classes, afin de les favoriser toutes sans nuire à aucune ; c'est à quoi il réussira, si sa protection n'est jamais exclusive. De là dépend uniquement l'union qui peut entretenir l'équilibre entra toutes les parties.

L'ordre ainsi établi, le ministre verra sensiblement les forces et les ressources de l'état : mais il ne saura point encore avec quelle précaution il en doit faire usage contre les ennemis. Ce qui rend un peuple puissant, c'est autant la faiblesse de ses voisins que ses propres forces. Le ministre apprendra, par la combinaison de ces choses, la conduite qu'il doit tenir avec les étrangers.

Ce n'est pas seulement d'après les richesses naturelles des pays voisins, ni d'après l'industrie de leurs habitants, qu'il doit faire ses combinaisons ; c'est principalement d'après la nature de leur gouvernement : car c'est là ce qui fait la force ou la faiblesse d'un peuple. Il est donc nécessaire pour lui de connaître les vues de ceux qui gouvernent ; leurs systèmes, s'ils en ont, et quelquefois même les petites intrigues de cour. Souvent les plus légers moyens sont le principe des grandes révolutions ; et, si on remontait à la source des abus qui ruinent les états, on ne verrait ordinairement qu'une bagatelle contre laquelle on n'avait pas songé à se tenir en garde, parce qu'on n'en avait pas prévu toute l'influence.

Ces connaissances acquises, un roi ne doit pas se faire, par rapport à son peuple, et par rapport aux étrangers, deux systèmes à part et comme séparés l'un de l'autre. Il ne doit avoir qu'une seule vue dans toute sa conduite, et son système pour l'extérieur doit être si fort subordonné à celui qu'il s'est prescrit pour l'intérieur, qu'il ne s'en forme qu'un seul des deux. Par-là il acquerra autant de puissance que les circonstances le pourront permettre.

Il est évident qu'un système formé suivant ces règles, est absolument relatif à la situation des choses. Cette situation venant à changer, il faudra donc que le système change dans la même proportion ; c'est-à-dire, que les changements introduits doivent être si bien combinés avec les choses conservées, que l'équilibre continue à se maintenir entre toutes les parties de la société. C'est ce qui ne peut être exécuté avec succès, que par celui qui a imaginé, ou du moins parfaitement étudié le système.

Mais ceux qui président au gouvernement n'ayant pas toujours toutes les connaissances nécessaires ; le public souffre souvent des changements qui se font. Il se prévient aussitôt contre toute innovation ; et, parce que les nouvelles vues d'un ministre n'ont pas réussi, on juge que celles des autres ne réussiront pas mieux. Il faut s'en tenir, dit-on, aux établissements de nos pères ; ils suffisaient de leur temps, pourquoi ne suffiraient-ils pas aujourd'hui ?

Ceux qui adoptent de pareils préjugés ne veulent pas apercevoir que des ressorts suffisants pour faire mouvoir une machine fort simple, ne le sont plus si elle devient fort composée.

Dans leur origine, les sociétés n'étaient formées que d'un petit nombre de citoyens égaux. Les magistrats et les généraux n'avaient de supériorité que pendant l'exercice de leurs fonctions : ce temps passé, ils rentraient dans la classe des autres. Le citoyen n'avait donc de supérieur que la loi. Par la suite les sociétés s'agrandirent, les citoyens se multiplièrent, et l'égalité s'altéra. Alors on vit naître peu-à-peu différent ordres ; celui des gens de guerre, celui des magistrats, celui des négociants, etc. ; et chacun de ces ordres prit son rang, d'après l'autorité qu'il avait obtenue. Dans le temps d'égalité, les citoyens n'avaient tous qu'un même intérêt, et un petit nombre de lois fort simples suffisaient pour gouverner. L'égalité détruite, les intérêts ont varié à proportion que les ordres se sont multipliés, et les premières lois n'ont plus été suffisantes. Il ne faut que cette considération pour sentir qu'avec le même système, on ne peut pas gouverner une société, dans son origine, et dans les degrés d'accroissement ou de décadence par où elle passe.

On ne peut donc blâmer ceux qui veulent introduire des changements dans le gouvernement : mais il les faut inviter à acquérir toutes les connaissances nécessaires pour n'en faire que conformément à la situation des choses.

L'occasion la plus délicate pour un roi ou pour un ministre, c'est quand un état ayant été mal gouverné pendant plusieurs règnes, il paraît qu'on n'a plus de plan ni même de principes. Pour lors, les abus naissent en abondance, et plus on attend à y remédier, plus on aura d'obstacles à surmonter.

Pour se faire un système en pareil cas, il ne faut pas chercher dans son imagination le gouvernement le plus parfait : on ne ferait qu'un roman. Il faut étudier le caractère du peuple, rechercher les usages et les coutumes, démêler les abus. Ensuite on conservera ce qu'on aura trouvé bon, on suppléera à ce qu'on aura trouvé mauvais : mais ce sera par les voies qui se conformeront davantage aux mœurs des citoyens. Si le ministre les choque, ce ne doit être que dans les occasions où il aura assez d'autorité pour prévenir les inconvénients qui naissent naturellement des révolutions trop promptes. Souvent il ne tentera pas de détruire brusquement un abus ; il paraîtra le tolérer, et il ne l'attaquera que par des voies détournées. En un mot, il combinera si bien les changements avec tout ce qui sera conservé, et avec la puissance dont il jouira, qu'ils se feront sans qu'on s'en aperçoive, ou du moins avec l'approbation d'une partie des citoyens, et sans rien craindre de la part de ceux qui y seraient contraires.

Ceux qui n'apportent pas toute cette circonspection dans la réforme du gouvernement, s'exposent à précipiter la ruine de l'état. Ne combinant qu'une partie des choses auxquelles ils devraient avoir égard, leurs projets sont nécessairement défectueux.

Mais, avant tout, il faudrait bien voir, je veux dire, voir sans préjugés, et voilà ce qui est difficile, surtout aux souverains. Car, dans la démocratie, le souverain n'a que des caprices ; dans l'aristocratie, il est tyran ; dans la monarchie, d'ordinaire, il est faible, et sa faiblesse ne le garantit ni des caprices ni de la tyrannie. Si vous parcourez les siècles de l'histoire, vous vous confirmerez dans la maxime que *l'opinion gouverne le monde* : or qu'est-ce que l'opinion, sinon les préjugés ? voilà donc ce qui conduit les souverains.

Chaque gouvernement a des maximes : ou plutôt chaque gouvernement a une allure, qui suppose des maximes que souvent il n'a pas, ou qu'il ne sait pas avoir. Il va à son insu, par habitude ; et, sans se rendre raison de ce qu'il doit faire, il fait comme il a fait. C'est ainsi qu'en général les nations s'aveuglent sur leurs vrais intérêts, et se précipitent les unes sur les autres. L'expérience qui instruit tous les hommes, ne les instruit pas. Rien ne peut donc les instruire. Je ne prétends pas néanmoins qu'il ne faille pas tenter de les éclairer : car la lumière produira toujours quelques bons effets. Elle en produira du moins chez les nations qui auront conservé des mœurs.

CHAPITRE XVI.
De l'usage des systèmes en physique.

Puisque les physiciens doivent se borner à mettre en système les parties de la physique qui leur sont connues, leur unique objet doit être d'observer les phénomènes ; d'en saisir l'enchaînement, et de remonter jusqu'à ceux dont plusieurs autres dépendent. Mais cette dépendance ne peut pas consister dans un rapport vague : il faut expliquer si bien les effets, que la génération en soit sensible.

Le phénomène que nous remarquons comme le premier, c'est celui de l'étendue : le mouvement est le second ; et, par la manière dont il modifie l'étendue, il en produit beaucoup d'autres. Mais, de ce que nous ne pouvons pas remonter plus haut, il n'en faudrait pas conclure qu'il n'y a que de l'étendue et du mouvement : il ne faudrait pas non plus entreprendre d'expliquer ces phénomènes. L'expérience nous manquerait, et nous ne pourrions imaginer que des principes abstraits dont nous avons vu le peu de solidité.

Il est très important d'observer, autant qu'il est possible, tous les effets que le mouvement peut produire dans l'étendue, et de remarquer surtout les variétés qu'il éprouve lorsqu'il passe d'un corps à un autre. Mais, afin qu'il ne se glisse dans les expériences ni erreurs, ni détails superflus, il ne faut arrêter la vue que sur ce qui offre des idées nettes. Il ne faut donc pas entreprendre de déterminer ce qu'où, appelle *la force* d'un corps ; c'est là le nom d'une chose dont nous n'avons point d'idée. Les sens en donnent une du mouvement : nous jugeons de sa vitesse, nous en mesurons les degrés relatifs en considérant l'espace parcouru dans un certain temps marqué : que faut-il davantage ? Quelle lumière pourrait être répandue sur nos observations par les vains efforts que nous ferions pour connaître cette force que nous regardons comme le principe du mouvement ? il n'y a qu'un cas où l'on puisse employer le mot *force* ; c'est quand on considère un corps comme une force, par rapport à un corps sur lequel il agit. Des chevaux, par exemple, sont une force par rapport au char qu'ils traînent ; mais alors ce terme n'exprime pas le principe du mouvement, il indique seulement un phénomène.

Distinguons donc soigneusement les différents cas où l'on peut observer les mobiles. Sont-ce des corps solides ou fluides, élastiques ou non élastiques ? Quels sont ceux qui leur communiquent le mouvement ? quels sont les milieux où ils se meuvent ? Comparons les vitesses et les masses, et remarquons dans quelles proportions le mouvement se communique, augmente, diminue ;

quand il s'éteint, et comment il prend différentes directions. Si, à mesure que nous recueillerons des phénomènes, nous les disposons dans un ordre où les premiers rendent raison des derniers, nous les verrons se prêter mutuellement du jour. Cette lumière nous éclairera sur les expériences qui nous resteront à faire ; elle nous les indiquera, et nous fera former des conjectures qui seront souvent confirmées par les observations. Par ce moyen nous découvrirons peu-à-peu les différentes lois du mouvement, et nous réduirons à un petit nombre les phénomènes qui doivent servir de principes. Peut-être même trouverons-nous une loi qui tiendra lieu de toutes les lois, parce qu'elle sera applicable à tous les cas. Alors notre système serait aussi parfait qu'il peut l'être, et il ne manquerait plus rien à la partie de la physique qui traite du mouvement des corps.

Tout consiste donc en physique à expliquer des faits par des faits. Quand un seul ne suffit pas pour rendre raison de tous ceux qui sont analogues, il en faut employer deux, trois ou davantage. A la vérité, un système est encore bien éloigné de sa perfection, lorsque les principes s'y multiplient si fort. Cependant il ne faut pas négliger d'en faire usage. En faisant voir une liaison entre un certain nombre de phénomènes, on peut être conduit à la découverte d'un phénomène qui suffira pour les expliquer tous. Mais une loi essentielle, c'est de ne rien admettre qui n'ait été confirmé par des expériences bien faites.

Plus d'un exemple prouvent combien certains faits sont propres à en expliquer d'autres, et à suggérer des expériences qui contribuent aux progrès de la physique.

Le phénomène de l'eau qui s'élève au-dessus de son niveau dans une pompe aspirante, et plusieurs autres, ne pouvaient être expliqués par les philosophes anciens. Prévenus que l'air a une légèreté absolue, ils attribuaient tous ces effets à une horreur prétendue de la nature pour le vide. Un pareil principe n'était ni lumineux, ni propre à occasionner des découvertes. Aussi ne fut-ce que quand il parut suspect, que les physiciens songèrent à faire les expériences auxquelles ils doivent la connaissance du vrai principe de ces phénomènes. Galilée observa les effets des pompes aspirantes ; et, s'étant assuré que l'eau n'y monte qu'à trente-deux pieds, et qu'au-delà le tuyau demeure vide, il conclut qu'on n'avait point connu la vraie cause de ce phénomène. Torricelli la chercha : c'est à lui qu'on doit la première expérience du tube renversé, dans lequel le mercure se soutient à la hauteur de vingt-sept pouces et demi. Il compara cette colonne avec une colonne d'eau de même base et de trente-deux pieds de hauteur : elles se trouvèrent exactement du même poids. Il conjectura qu'elles ne pouvaient être soutenues que parce qu'elles étaient chacune en équilibre avec une colonne d'air ; et ce fut là la première preuve de la pesanteur de ce fluide.

Un homme célèbre qui a assez vécu pour sa réputation, mais trop peu pour le progrès des sciences, Pascal sentit combien il était important d'assurer le sort de la conjecture de Torricelli. Il jugea, que si l'air est pesant, sa pression doit se faire comme celle des liqueurs, qu'elle doit diminuer ou augmenter selon la hauteur de l'atmosphère, et que, par conséquent, les colonnes suspendues dans le tube de Torricelli seraient plus ou moins longues suivant la hauteur plus ou moins grande du lieu où l'expérience serait faite. Le Puy-de-Dôme en Auvergne fut choisi à cet effet, et l'événement confirma le raisonnement de Pascal.

La pesanteur de l'air étant constatée, on expliqua d'une manière naturelle les effets qui avaient fait imaginer que la nature a le vide en horreur. Mais ce ne fut pas là le seul avantage de ce principe.

Le soin qu'on eût de répéter souvent l'expérience de Torricelli, fit bientôt remarquer les variations qui arrivent à la hauteur du mercure dans le tube. On connut que la pesanteur de l'air n'est pas constamment la même ; on observa les degrés suivant lesquels elle varie, et on imagina le baromètre, instrument dont les effets sont aujourd'hui connus de tout le monde.

Pour juger encore mieux des phénomènes produits par la pesanteur de l'air, on chercha les moyens d'avoir un espace d'où l'air fut pompé. On imagina la machine pneumatique [1] : alors on vit plusieurs nouveaux phénomènes qui confirmèrent la pesanteur de l'air, et s'expliquèrent par elle.

C'est ainsi qu'un principe doit rendre raison des choses et conduire à des découvertes. Il serait à souhaiter que les physiciens n'en employassent jamais que de cette espèce. Quant aux suppositions qui ne peuvent pas être l'objet de l'observation, nous avons vu

---

1 Otto de Guericke en est le premier inventeur.

combien l'usage qu'ils en peuvent faire est borné [1].

Il y a cette différence entre les hypothèses et les faits qui servent de principes, qu'une hypothèse devient plus incertaine à mesure qu'on découvre un plus grand nombre d'effets dont elle ne rend pas raison, au lieu qu'un fait est toujours également certain, et il ne peut cesser d'être le principe des phénomènes dont il a une fois rendu raison. S'il y a des effets qu'il n'explique pas, on ne le doit pas rejeter ; on doit travailler à découvrir les phénomènes qui le lient avec eux, et qui forment de tous un seul système.

Il y a aussi une grande différence entre les principes de physique et ceux de politique. Les premiers sont des faits dont l'expérience ne permet pas de douter, les autres n'ont pas toujours cet avantage. Souvent la multitude des circonstances et la nécessité de se déterminer promptement, contraignent l'homme d'état de se régler sur ce qui n'est que probable. Obligé de prévoir ou de préparer l'avenir, il ne saurait avoir les mêmes lumières que le physicien qui ne raisonne que sur ce qu'il voit. La physique ne peut élever des systèmes que dans des cas particuliers ; la politique doit avoir des vues générales, et embrasser toutes les parties du gouvernement. Dans l'une on ne saurait trop tôt renverser les mauvais principes, il n'y a point de précaution à prendre, et on doit toujours saisir sans retardement ceux que fournit l'observation : dans l'autre, on se conforme aux circonstances ; on ne peut pas toujours rejeter tout-à-coup un système défectueux qui se trouve établi, on prend des mesures, et on ne tend qu'avec lenteur à un système plus parfait.

Je ne parle pas de l'usage des systèmes dans la chimie, la médecine, etc. Ces sciences sont proprement des parties de la physique : ainsi la méthode y doit être la même. D'ailleurs toutes les personnes instruites connaissent les progrès que la chimie fait tous les jours, et les procédés des bons esprits qui la cultivent aujourd'hui, sont la méthode qui convient à cette science.

CHAPITRE XVII.
De l'usage des systèmes dans les arts.

Les arts se divisent en deux classes : l'une comprend tous les

---

1 Chap. 12.

beaux-arts, et l'autre tous les arts mécaniques.

La mécanique nous apprend à faire servir à nos usages, les forces que nous observons dans les corps. Elle est fondée sur les lois du mouvement, et en imitant la nature, elle produit, comme elle, des phénomènes.

Les systèmes y suivent donc les mêmes règles qu'en physique. Dans une machine composée, dans une montre, par exemple, il y a une progression de causes et d'effets, qui a son principe dans une première cause, où une progression de phénomènes qui s'expliquent par un premier. Aussi l'univers n'est-il qu'une grande machine.

Si on conçoit donc comment un système se fait en physique, on conçoit comment il se fait en mécanique, et réciproquement. Une observation qui répand un grand jour sur les éléments de mécanique, c'est que toutes les machines ne sont que le levier qui passe par différentes transformations. J'en ai donné l'explication dans l'Art de raisonner : j'ai même fait voir, dans cet ouvrage, que le système du monde, d'après Newton, se réduit à une balance.

Dans les arts mécaniques nous ne pouvons rien, qu'autant que nous avons observé la nature ; puisque nous ne pouvons faire comme elle, qu'après avoir remarqué comment elle fait ; l'observation précède donc la naissance de ces arts.

Les beaux-arts, au contraire, paraissent précéder l'observation, et il faut qu'ils aient fait des progrès, pour pouvoir être réduits en système. C'est qu'ils sont moins notre ouvrage que celui de la nature. C'est elle-même qui les commence, lorsqu'elle nous forme ; et elle les a déjà perfectionnés quand nous pensons à nous en rendre raison.

Tous ces arts ne sont proprement que le développement de nos facultés : nos facultés sont déterminées par nos besoins, et nos besoins sont les effets de notre organisation. La nature, en nous organisant, a donc tout commencé ; aussi, ai-je démontré, dans ma logique, qu'elle est notre premier maître dans l'art de penser.

En effet, l'organisation étant donnée, le langage d'action est donné lui-même, et on a vu, dans ma Grammaire, comment les langues se forment d'après ce langage.

Aussitôt que les langues commencent, l'analogie, qui commence avec elles, les développe continuellement et les enrichit : elle montre, en quelque sorte, dans les premiers signes qu'on a trouvés, tous ceux qu'on peut trouver encore.

Dans cette analogie, est fondée la plus grande liaison des idées ; et cette liaison devient le principe qui donne au discours la plus grande clarté, la plus grande précision, et à chaque pensée son caractère.

Dès que nous connaissons l'art de donner à chaque pensée son caractère, nous avons un système qui embrasse tous les genres de style. On peut s'en convaincre par la lecture de mon Art d'écrire.

Dès que nous savons donner au discours la plus grande clarté et la plus grande précision, nous savons l'art de raisonner, puisque j'ai démontré que cet art se réduit à une langue bien faite.

Tous ces arts se confondent donc dans l'art de parler ; ils ne sont que le développement d'un même système, qui a son principe ou son commencement dans notre organisation.

Nous ne savons pas remonter jusqu'au principe de nos opérations, nous n'en savons pas voir le commencement dans la manière dont nous avons été organisés ; c'est pourquoi l'art de parler, l'art d'écrire, l'art de raisonner, l'art de penser se forment et se perfectionnent à notre insu. Grossiers encore, ils paraissent l'ouvrage de l'instinct : perfectionnés, nous les attribuons au talent ; mais l'instinct et le talent ne peuvent être, dans le principe, que l'organisation même ; l'instinct est l'organisation qui donne à tous les mêmes facultés. Le talent est l'organisation qui donne aux uns ce qu'elle refuse aux autres.

Les hommes de génie qui ont perfectionné l'art de parler, observaient, sans doute, ceux qui les écoutaient, et ils remarquaient les impressions qu'ils faisaient sur eux. Par là, ils pouvaient apprendre que tel tour devait produire tel effet ; mais ils n'apprenaient pas pourquoi il le produisait ; et l'art n'était, pour eux, qu'un tâtonnement dont ils ne savaient pas se rendre raison ; C'est ainsi que les poètes et les orateurs ont développé leurs talents.

Pour faire soupçonner qu'ils avaient un art, il fallait qu'ils eussent déjà fait des progrès. Alors on leur supposa plus d'art qu'ils n'en avaient ; et, parce qu'il fut naturel d'en chercher les règles dans leurs ouvrages, on les multiplia autant que les observations qu'on crut devoir faire. On eut donc beaucoup de règles, beaucoup d'exceptions et beaucoup de mauvais livres élémentaires. On ne fera de bons éléments, qu'autant qu'on en prendra les règles dans notre manière de concevoir ; car, certainement, si on ne connaît pas l'esprit humain, on ne le conduira pas, ou on le conduira mal. Ce qui a surtout nui à ces sortes d'ouvrages, c'est qu'on ne les a jamais commencés par le commencement ; c'est qu'on a cru que des définitions et des axiomes sont des principes, c'est qu'on a regardé la synthèse comme une méthode de doctrine.

Je n'ai point parlé de la musique, de la peinture, de la sculpture, etc. ; mais on jugera que ces arts doivent être traités comme les autres, si on conçoit qu'il n'y a, et qu'il ne peut y avoir qu'une bonne méthode.

CHAPITRE XVIII.
Considérations sur les systèmes
ou sur la manière d'étudier les sciences.

On n'est communément porté à croire qu'*abstrait* et *difficile* sont la même chose : voilà ce que je ne comprends pas. Mais je comprends qu'il y ait des écrivains qu'on ne peut pas entendre, non parce qu'ils sont abstraits, mais parce qu'ils ne savent pas analyser les idées abstraites qu'ils se font : deux choses qu'il ne faut pas confondre. Si, comme je crois l'avoir démontré, une science bien traitée n'est qu'une langue bien faite, il n'y a point de science qui ne doive être à la portée d'un homme intelligent, puisque toute langue bien faite est une langue qui s'entend. Si vous ne m'entendez jamais, c'est que je ne sais pas écrire ; et, s'il vous arrive quelquefois de ne pas m'entendre, c'est que j'écris quelquefois mal. Ne vous en prenez donc qu'à moi, lorsque vous ne m'entendrez pas ; et je ne m'en prendrai à vous que lorsque vous ne m'aurez pas lu avec attention.

En effet, pourquoi les idées abstraites seraient-elles si difficiles ? nous ne saurions parler sans en faire. Or, si nous en faisons continuellement dans nos discours, pourquoi n'en saurions-nous pas faire dans nos études ?

Mais une science, dira-t-on... Eh bien ! une science demande, sans doute, une attention soutenue. Mais, si vous êtes capable d'attention, pourquoi serait-elle incompréhensible ? Pourquoi même serait-elle difficile ? Vous avez bien surmonté d'autres difficultés, lorsque dans l'enfance vous avez appris votre langue.

Une science bien traitée, est un système bien fait Or, dans un système, il n'y a, en général, que deux choses, les principes et les conséquences.

Quels que soient les principes, une fois qu'ils sont admis, ce ne sont pas les conséquences qui sont difficiles à saisir ; il faut être bien distrait ou bien préoccupé, pour qu'elles échappent, et nous sommes naturellement conséquents.

Aussi, lorsqu'on se met peu en peine des principes, ce qui est assez ordinaire, les systèmes se font tous seuls. Observez l'esprit humain, vous verrez dans chaque siècle, que tout est système chez le peuple comme chez le philosophe. Vous remarquerez qu'on va naturellement de préjugés en préjugés, d'opinions en opinions, d'erreurs en erreurs, comme on irait de vérités en vérités ; car les mauvais systèmes ne se font pas autrement que les bons.

Vous comprendrez avec quelle facilité nous devons faire des systèmes, si vous considérez que la nature en a fait un elle-même, de nos facultés, de nos besoins, et des choses relatives à nous. C'est d'après ce système que nous pensons, c'est d'après ce système que nos opinions, quelles qu'elles soient, se produisent et se combinent : comment donc, nos opinions n'en formeraient-elles pas ? Certainement on trouvera de pareils systèmes chez les nations les plus grossières et les plus ignorantes.

Or, si les mauvais systèmes sont conséquents, et se font, néanmoins, si naturellement et si facilement, ce ne sera pas par les conséquences qu'un bon système sera difficile à comprendre. Sera-ce donc par les principes ?

Je conviens que le meilleur système ne se comprendra que difficilement, si on a choisi la synthèse pour l'expliquer ; et cela n'est pas étonnant, puisque cette méthode fait toujours commencer par des choses qu'on n'entend pas.

Mais, quand l'analyse développe un système, elle commence par le principe, par le commencement ; et ce commencement est si simple, qu'un bon système se fait avec la même facilité qu'un mauvais. On va naturellement de découverte en découverte : il suffit d'avoir l'esprit conséquent. D'où peut donc provenir la difficulté ? car il faut convenir qu'il y en a une.

Lorsque vous étudiez une science nouvelle, si elle est bien exposée, les commencements en doivent être on ne peut pas plus faciles : car on vous conduit du connu à l'inconnu. On vous fait donc trouver, dans vos connaissances mêmes, les premières choses qu'on vous fait remarquer, et il semble que vous les saviez avant de les avoir apprises.

Cependant, plus ce commencement est facile, plus vous vous hâtez d'aller en avant : vous l'avez entendu, et vous croyez que cela vous suffit. Mais remarquez que vous avez une langue à apprendre, et qu'une langue ne se sait pas pour en avoir vu les mots une fois : il la faut parler, il faut se la rendre familière. Ne soyez donc pas étonné, si, après avoir entendu un premier chapitre, vous avez quelque peine à entendre le second, auquel vous passez trop rapidement. En continuant de la sorte, il vous sera bien plus difficile encore d'entendre le troisième. Commencez donc lentement : et comptez que tout vous sera facile, quand le commencement vous sera familier.

Cependant il reste une difficulté, et elle est grande. Elle vient de ce qu'avant d'avoir étudié les sciences, vous en parlez déjà la langue, et que vous la parlez mal. Car, à quelques mots près, qui sont nouveaux pour vous, leur langue est la vôtre. Or convenez que vous parlez souvent votre langue, sans entendre vous-même ce que vous dites, ou que, tout au plus, vous vous entendez à-peu-près. Cela vous suffit cependant, et cela suffit aux autres, parce qu'ils vous paient avec la même monnaie. Il semble que, pour soutenir nos conversations, nous soyons convenus tacitement que les mots y tiendraient lieu d'idées, comme au jeu les jetons tiennent lieu d'argent ; et, quoiqu'il n'y ait qu'un cri contre ceux qui ont l'imprudence de jouer, sans s'être informés de la valeur des jetons, chacun peut impunément parler sans avoir appris la valeur des mots.

Voulez-vous apprendre les sciences avec facilité ? Commencez par apprendre votre langue.

CHAPITRE XVIII

ISBN : 978-1523727575